本书获 2020 江西省教育学规划项目资助（20YB165）

# 茶颜器式

CHA YAN QI SHI

袁乐辉　著

江西高校出版

图书在版编目(CIP)数据

茶颜器式/袁乐辉著.—南昌：江西高校出版社，2021.5（2025.1重印）
ISBN 978－7－5762－1288－4

Ⅰ.①茶…　Ⅱ.①袁…　Ⅲ.①茶具－鉴赏－中国　Ⅳ.①TS972.23

中国版本图书馆CIP数据核字(2021)第078412号

| | |
|---|---|
| 出版发行 | 江西高校出版社 |
| 社　　址 | 江西省南昌市洪都北大道96号 |
| 总编室电话 | (0791)88504319 |
| 销售电话 | (0791)88522516 |
| 网　　址 | www.juacp.com |
| 印　　刷 | 固安兰星球彩色印刷有限公司 |
| 经　　销 | 全国新华书店 |
| 开　　本 | 700mm×1000mm　1/16 |
| 印　　张 | 10.25 |
| 字　　数 | 160千字 |
| 版　　次 | 2021年5月第1版 |
| | 2025年1月第2次印刷 |
| 书　　号 | ISBN 978－7－5762－1288－4 |
| 定　　价 | 88.00元 |

赣版权登字－07－2021－528

# 序

我的访问学者袁乐辉将一本书稿给我，请我为这本书写序，这本书就是《茶颜器式》。

关于茶，谁都可以说些感受，但要把它说透、说好非常难，且容易主观化和个人化。而把器物与茶连在一起说，则更不容易：说得过于感性，像个“自媒体”，意义不大；说得过于理性，则过于学究，不仅不符合这本书的主题，也不符合作者的职业。因此，这样的方式更不好写，也无法让更多人感兴趣。目前市场上见到的书，版本多如牛毛，且大多互为借鉴，看一两本好似看了全部。我的书堆里就有一大批与茶有关的书，但是能够让我常常阅读的书，除了《茶史》《茶经》这样的经典，其余多半随手翻阅即弃于一边。陶艺家写有关茶和有关器的书籍或许是一个角度，在这方面，日本的茶人、陶人早有涉及。谈茶的美学的人很多，谈得深的人有，但谈得有独特感受的不多。我总觉得对一个具有物质享受与精神引领作用的生活类别来讲，离开具体的表征、量化，光谈茶的美学很难让人由衷地产生共鸣。好像这样的文字离开茶，放在别的人文学科也是成立的。像农学家一样谈茶，像种植学家一样谈茶,又觉得没有多大的意义,因为茶的本质还是与美学有关,将这两者混在一起来谈,不太容易说好。在我读到的谈到茶且把器物和茶结合起来谈的书中,谈得独到的不多。

从古至今,中国诞生的茗茶太多。我们的茶人将纷繁的茶品以六色分之,是极具诗意与美感高度的。绿茶、红茶、黄茶、青茶、白茶、黑茶,以六色隐喻六性、六品。在我看来,黑茶有思想,白茶有美学,黄茶有风韵,红茶有涵养,青茶有境界,绿茶有活力。此六性、六品依人、岁月和环境各有觉悟,关键是借茶与器获得人性的“安静”。一种植物的叶子经由人的采摘、制作、保存、运转,再借助水的热量返生,由此与华夏人的视线、味觉、身体及精神紧紧地融汇在一起。

一个器,要说清也很不容易。中国的器物有许多的讲究,法度严谨。光是茶器中的碗、盏、杯、托,青釉、黑釉、白釉,素与彩、陶与瓷等都能分书而立,洋洋洒洒。从形制到规矩,哪个层面都有足够的史料、图例及逸事让人深入解读,让人沉迷。光是一个杯碗口沿的微妙自由之起伏或厚薄圆润之转折就足以引人冥想,如远方的山可以幻化为你案头的摆设,也可以是你眼中的地平线。世界在你面前,因一个盛茶的器物而彻底不同。

一个杯子,捧在手中,极其平常,却少有人安静地读它。一旦眼光落在它身上,时间就漾了开来,一切的奇迹慢慢展开。就是这样一个装水的容器,竟然可以让我们从中看出时代,看出讲究,看出心性,看出一片时空。神奇的是,我们借着这样的小物,且是人造的小物,看出了平凡生活中的光明。

一个小小的盛茶的碗、盏、杯,从古至今,估计不下亿万种造型。所有的不同,都在那微妙的一根根线条上,都在那小小的“空”里。这些线条和这小小的“空”让我们与自然、生命、内质和外在产生了不易为人察觉却最深刻的改变。同样是在这一根根线条里和“空”里，诞生了诸多的向往、规范、礼仪、讲究及心灵的自由，生出了泥土的表情与火的温暖，再延伸出永恒与脆弱原是一起的“骨肉”。

一个好的碗、盏、杯最能显现人的视野与他所受的教养及他的审美格调。碗、盏、杯，无论是在形态、体量上，还是在对线形的要求上，都是小之又小的物件。在这充满约束，几乎没有多少余地的物件上，几千年的文明史却神奇地让它无所不能、无所不包，既为物用，也成道享。一个盛茶之物，可以极为朴素——只是裸露的泥态和火烧的色温，也可以极其华丽、浪漫与尊贵，我们常常在这样的空间里落脚、往返。我们在一根线的弧度上，倾尽自己的深厚情感，使这根线条舞动起来，曼妙生姿。从人为地极尽苛求到人性率真而为，它无穷尽地回馈我们以惊喜、意外与感动。这样的器盛着六色的茶，在我的眼里，满是慈祥。

从茶的品质、茶的性能、茶的种植、品饮的习性到茶文化、茶的美学，从制器到器物的美学特征与茶的关系，等等，袁乐辉在此书中都有所涉及。故此书算是一本通俗、有趣且有些心得的一本关于茶与器的书，关键是文笔和所涉及的点和面有不少独到之处，显出他的用心及学养。他本人常做茶器，做器物的人对品茶与器物的质地、量感、造型的讲究是不做器物的人难以理解的。在这一点上，此书很值得一读。

我也好茶，曾写过有关茶的文章，林林总总有六七万字。中国现在的茶与器，已经从物质生活进入真正的精神生活中，这才是谈中国茶道的时代意义。从茶里所领悟的美学与哲思，有时比单纯通过文字和艺术方式领悟到的更具有冥想的价值和独特的感知意义。在这点上，袁乐辉的书确实消化了古代中国几本有关茶的书的主要内容，从中看得出他对日本茶文化和韩国茶文化的理解和借鉴,也体现出他对中国美学和器物美学的融合。此书严格来说属于概述范畴,却面面俱到,通读之后并不觉涵盖内容如此之多而生出空泛之气,觉察得出他是由心而写、由心而感、由心而发。他引用的图片大都来自他的朋友、师长和相关真实的场景和器物,这使得此书具有一定的现场感与真实性。

作为我的访问学者,袁乐辉能有这样一本从教学、创作到生活统而化之,生出感悟来的文字性著作,让我由衷地感到高兴。艺术家有独特的创作经历和形象思维的优势,因此往往会忽略用文字来表达更细微、更理性的思考。像袁乐辉这样,将自己的生活点滴勤于记录,敏于思考,做一些理论梳理,于教学、于普及、于个人素养的提升,都将大有裨益。

白 明
著名艺术家、作家
清华大学教授、博士生导师、陶瓷艺术设计系主任
中国美术家协会陶瓷艺术委员会主任

# 目录

# 导　论

平时，我偶尔会思考离自己最近并带给自己幸福的东西，这东西自然非“茶”莫属，因为它美化了我们日常生活的存在意义与享乐信念。我会不由自主地反问自己对生活美的存在方式与生命意义的看法，或许克里斯托夫·安德烈的《幸福的艺术：品位幸福的25课》中的一句话能够让我明白其中的道理：“如果幸福不存在于日常生活中，那还有什么意义？”

茶，众生通过感化形式与趣化内容，将其升华为高级化的物趣美生，从而孕育出集体表象的茶事美学。茶事美学，是指涉茶活动中所形成的美之律则与秩序，通过种茶、制茶、烹茶、吃茶、赏茶和感茶等一系列享受过程来表现，从而在感官享受、生活享受、精神享受的基础上，反映出涉茶事理的文化典型化、符号化、美学化的形式特征与生活仪理化、风俗化、体悟化的样式特色，简言之，就是将茶从自然品味变至文化品位的一种习茶形式美。显然，这种茶事美学是从物化至人化的一种“贵在适度，重在内容”的形式活动，既有节制的、有限度的情感显现，又有礼仪规范的善美体现，从而构成美之形式和善之内容的统一，形成一种有秩序、有信仰的审美参化活动。因此，茶的味与韵对人的精神层面会产生一种感发、激励、净化、升华的作用。“比德”的传统文化，一直贯穿于民族审美习性中。人们习惯按照“比德”的审美观来塑造自然之物的美善形象，茶于是从一种日常生活的平凡之物，变成了一种开掘美学的形式之物，自然引起好茶者的敬畏之情。伴随着一种神秘感，习茶被塑造成一种哲理化、文化信仰化、精神象征化的生活美学。实际上，茶事美学表现为日常生活中“茶颜器式”这种享茶方式的某种形式与内容，但形式因人而异，贵在“仁者见智”之体悟，这在真正意义上使生活玩味方式丰富多样。

如今，茶已成为我国国民化的生活饮品，也成了艺术生活的审美方式，若隐若现地表现出美的感化形式与反哺方式。美源于生活，而茶是日常生活事理之一。每日寻常的茶之形式，不仅美化了自我感知恬淡生活的心境，也反哺了自己观察生活之美的源泉。换句话说，茶的种种玩味方式，在某种程度上，常常表现为日常“茶颜器式”的某种形式与内容，同样也是我们在生活中“观物取象”的美之源泉。与此同时，它也为我敲开了思考日常茶事的一扇“微不足道”且“耐人寻味”的门，恰如刘勰在《文心雕龙·神思》中所说：“独照之匠，窥意象而运斤。”这种以小喻大、由近及远的己见，如何看待茶之美物？如何“游心于物之初”的至美至乐？只要我们用“心”品茶待物，茶之生活世界，就会有渐老渐熟的“味”，会有“美”的茶颜器式。我们知道“依茶择器”，自然也懂茶的“物我相生”。这样，我们才真正走进美与善相乐相生的平凡生活，那浮光幻影化成了幸福的滋味。（图1）

图1　日常茶颜器式

当下的社会文化，是由全球化和本土化两极互动共同生成的，促进了文化的交互趋同化与自觉本土化双向发展。茶，是现代生活中一种“物趣美生”类饮品，让生活寻常化且深远化，给我们带来了一种具有生活趣味的“善美相乐”的仪式，同时也让美的艺术生活化、雅俗化。其实，茶既是民族文化的地域习性表征，又是中国文化精神的载体和象征。从另一层面来看，茶是众人嗜好的美物，又是民众的文化信念，自觉地呈现我们日常生活中的某种观念、行为。茶文化自然而然地支撑着生生不息的中国特色文化，又默默地滋养着民族文化的习性品格与寓物言志。有时我常常想，茶孕育着我们“知足常乐”的幸福感、积极向上的乐观精神，也孕生了中国“至善至美”的和谐观，培养出敬畏、谦和的礼仪信念，更孕化了中国思想观念中“器道合一”“天地人和”“道法自然”的哲理精神。

可见,茶具有教化现代社会的文化功能。“茶颜器式”的某种仪式与秩序,可以亲和人、美善人,同时也在教化人。这种众人嗜好的习茶生活方式最平易近人、最贴心,同时又体现出最具直观性、体悟性、趣味性的物游心生,久而久之,使人自觉地内化自美与外化自信。正因如此,我积极申报了2020年江西省教育学规划项目“生活日常的茶颜器式之美育隐显研究”,获得立项资助。随后,我花了一个月左右的时间先后撰写了两篇论文——《论日常“茶颜器式”的茶意与美育的自觉教化》和《试论美藏于日常“茶颜器式”》。在完成第二篇论文的过程中,我产生了撰写这方面的专著的想法,于是顺理成章地拟定了这本书的思路,尽量立足于大众习茶的某种形式与内容来看待茶之美物的种种特性,围绕日常生活中“茶颜器式”的样式风格,并结合当下习茶者“依茶择器”的呈现方式,融入当下审美趣味的习性特点及生活普世化的实例,力图从茶味的形色特性、茶器的器制样式、茶室的空间铺陈以及饮茶人的审美意趣等角度,来论述美为何藏于“茶颜器式”,以何种物态方式、形式内容呈现于寻常生活之中。最初,书名拟为《美藏于生活日常茶颜器式》。听导师白明教授阐述著书的目的与意义后,我便决定将书名改为《茶颜器式》。

当然,书的主题内容是论述茶生活与美之间的关系,也包括叙述生活美的某种快乐或幸福的方式,反映出人们对美或幸福的追求各有不同。因没有写作专著的经验,我未能很好地将本书的主题内容细节化、生活化,故特意在导论部分后面附上前面已介绍过的两篇已发表的论文,以更好地让读者明白我写本书的初衷与本意。

本书主要分七个章节,分别是习茶之性、沏茶之器、品茶之趣、善茶之乐、美茶之境、待茶之道、余茶之生,论述了美藏于日常“茶颜器式”的始因与样式特征。第一章围绕茶叶的特点与人们对茶叶的喜好,着重从名茶育人、香色沁人、甘味怡人的角度,来剖析茶之美与人们的习茶嗜好的互衬关系,反映了人们饮茶的一种天性美。第二章围绕沏茶之器的式样,侧重于从茶壶、盖碗、茶杯、茶盏、茶碗的特征,来分析日常茶器的器型与沏茶方式的共存相生关系,体现了人们喝茶的一种器型美。第三章围绕人们品茶之趣的生活味象,重点从“用之宜人”“涩之利人”“礼之待人”“凡之近人”“美之育人”的表现方面,来叙述日常品茶的律则与生活方式的互衬互依关系,表现了人们习茶的一种本真美。第四章围绕人们善茶的生活喜好与文化形态，侧重于从生活之“雅”“俗”“慢”的表现，来叙述善茶之乐的怡情方式，体现了人们享茶的一种生活美。第五章重点从“静至淡而远”“净至透而灵”“境至象而生”的身心内化方面，来论证习茶的趣境与远韵之间的依附与超越关系，表现了人们品茶的一种心境美。第六章围绕日常生活的审美化与自我化，侧重于从“物生融‘和’”“美生亲‘善’”“人生知‘己’”的美育与教化方面，来论述习茶的道法与悟理的互生关系，反映了人们享茶的一种真善美。第七章围绕茶生活的幸福寄寓方式，重点从“有我之礼”“泽我之生”“化我之道”的自我内修与超越方面，来叙述人们喝茶的知足感、余韵感、自觉感的共生关系，表现出人们喝茶的一种余生美。

总而言之，茶是一种众人嗜爱的美物，它不仅是滋味的享受，也是生活之美。喝茶已成为我们丰富生活趣味的方式，但这种美的滋味需要喝茶者去体悟，这样才更加耐人寻味。习以为常的“茶颜器式”，反映出人们“见仁见智”的饮茶美趣。诚然，茶让每个人都变成了生活品位的收藏者，变成了生活美味的爱好者，变成了美的善待者。因平日的享茶活动，让人沉浸于视觉性、语言性、形式性的体验过程，也就是艺术美学的一种生活形式，故茶是生活文化的反映，也是人类心灵的产物。它囊括了人类的情感、趣事、善美、喜好，肯定了人类生活的意义及其重要性。

以下附录两篇论文：

## 论日常“茶颜器式”的茶意与美育的自觉教化

文化是文明的基石，是民族的灵魂，也是生活的显现方式。反之，生活是文化的塑造，更是文化的衍生。茶文化已成为中国文化的一部分，是一种怡情的生活文化，也是日常生活与雅俗文化融合与象生的产物，诠释了中国“器道合一”的精神品格与文化涵养。同时，它还显现了中国“茶颜器式”的美育教化功能。社会文明的演进使人们从悠闲的“田园生活”进入节奏紧张的“都市生活”，在当下的都市文化中，日常“茶颜器式”自然地带给我们一种生活调味剂与心灵慰藉，引领着我们的生活朝向“至善至美”。近十年来，随着中国茶文化的兴起，饮茶已成为我们日常生活中不可缺少的重要部分。在我看来，这正是中国生活美学"去西渐东",自觉走上文化自信之路的表现。纵观历史,器物文化是中国文化极其重要的部分,折射出"器以载道"的中国美学范式。显然,茶与器的"不二"关系鲜明地体现着中国文化的器道精神,也凸显着中国文化的特色。

茶为国饮之品,味性平凡。以茶为媒的生活礼仪和以茶修身的生活方式,不仅演化出中国"茶禅一味"的器道文化,生发出清茶远韵之"味"象与"心"境,还开掘了生活中"文趣雅品"的审美情境,培育了茶文化的哲理观与象生观,让我们自然而然地步入恬淡雅致、充满茶趣礼仪的生活境界。故日常生活中的茶颜器式,看似平淡无华、谦实不躁,实则超凡隐逸、致用利人。通过饮茶赏器、品茶悟道来达到内化修身、外化养性的目的,养成个人的至善之德与至美之境,这是"成教化,助人伦"的美育途径。其实,茶颜器式的日常教化,不仅仅为了"生活的艺术化、养生化",也为了使每个人的身心日益康健、愉悦,使每个人的品性日渐善良、谦和,使每个人的心境趋向清静、超然,情境远离浮躁、功利之气,美境趋于适度、善雅。这样,我们便完成了由饮茶习惯、品茶事理、赏茶情趣、禅茶心境,至自觉修缮与自我内化的美育过程。诚然,日常生活中习茶不仅滋养人之本真、本善、本美,还使我们的生活细节化、仪礼化、雅趣化,使我们的生活充盈着美之乐趣与文心,走上大美。时至今日,我们在享受生活时,茶正发挥着独特的美育作用。(图2)

图2 茶盏 白明老师作

## 一、茶习之生活与培育

伴随着日复一日的参与与行事，日常生活中的饮茶活动，久而久之，必然会在生活世界里形成一种事趣，使我们逐渐养成饮茶习惯。显然，每日寻常之茶习，不仅培养了我们生活的喜好与乐趣，陶冶了我们的身心与情操，还培育着生活向度的至臻至美。

“味”之陶养。无论是从中国茶的种类看还是从茶叶的沏泡方式看，茶基本都离不开三大部分——茶叶、茶器、水。有了这三样东西，人们即可进行泡茶活动，享受茶的芳香与味色。这种茶香味醇的饮食生活，不仅发挥了茶疗的养生作用与茶香的养神作用，还丰富了生活之趣味。明代冯梦龙在《挂枝儿·相思》中曾言：“想着他，念着他，恹恹成病，不茶还不饭。”中国人发现茶和利用茶，最终走进茶生活。从“药食同源”的万病之药到“言情悦志”的远韵之茗，经世代演进，中国茶文化已丰富多彩，开掘了生活“茶颜悦色”之“味”，培养了一批一批“唯茶最宜”的嗜好饮茶之人，恰如唐代茶事名家斐汶在《茶述》中所说：“参百品而不混，越众饮而独高。”饮茶虽然是我们的生活方式之一，但需有“惟嗜茶，凡属至处”的茶习，日久悦兴生情，才会得茶而知之，留恋茶之味。

“心”之润泽。茶是中国特有饮品，而饮茶不仅是生活的一大乐事，还滋养与润泽着我们的身心。梁代陶弘景在《杂录》中言：“苦茶，轻身换骨。”可见，饮茶不仅是养生之术，还是修身之道。或许正是因为茶是“心灵之饮”，使人饮之静心益思、远韵悦志，所以茶才走进了我们的生活并日常化、嗜好化，进而成为“唯茶是求，或饮百碗不厌”的生活之习。事实上，在当下生活日趋忙碌而紧张的社会中，饮茶群体越来越多，因为茶生活让人更懂得平衡自我，休养生息，怡情养性。明人万邦宁在《茗史》中称茶有“涤烦疗渴”的功效，钱椿年在《茶谱》中称其有“明目益思”“清心神而出尘表”之功。由此可知，饮茶不止有保健之功效，还有养心之功效，以至人人皆爱。显然，日常生活中的饮茶之事，让我们“养生气、安心境、滋品性”，修身养性，与心共鸣，进而生发出“始静至美”的世界。

## 二、茶事之器道与教化

饮茶之事，为我们的生活平添了芳香与色彩，同时也蕴化了生活的茶颜器式与文心善雅，还升华了中国“天地人和”的器道精神。饮茶看似是日常生活中微不足道的小事，实则诠释了民族理念与审美观念。因此我们会把茶事活动上升为精神活动，去开掘茶事生活世界的和谐与秩序，体悟传统器道精神，领悟“待物”的生命法则与“善美”的宜人法度。（图3）

图3　盖碗　许润辉制

“用”之利人。茶为“药食同源”之物，具有健养身心的功效，因此从古至今人们爱好饮茶，通晓茶事，同时也留下了许多关于茶的逸闻趣事，这便催生出中国源远流长的茶文化。茶，“用”之利人，所以我们爱茶至深，深谙茶道，追寻茶生活的呈现与表达，领悟“茶意器韵”之味象。茶器为人们饮茶而生，唯美的茶器与茶事相伴随，生活中的我们才能悠闲地习茶，怡情逸志。故理解生活器用之物的和谐关系，领略“用”之意即为“茶的律则”是极为重要的。茶壶、茶碗、茶杯之类器具，具有方便拿捏、安全舒适的特点，因此被用来泡茶、沏茶，由此生出美好的乐趣来。“正因立足于‘用’，所以才会存在。”显然，茶的世界是“用”之本，所以才会生发由“实”至“美”的生活情趣。

“美”之参化。茶叶虽是自然之叶，但经人类智慧的开掘，逐渐融入生活，转为茶事，其间经历了“物化—人化—美化”的参化过程，进而形成独特的饮茶文化与嗜茶生活。我们只有亲自沏茶和赏茶，才会享受茶香远韵，体味“美”之意境。故美不是茶叶本身生来就有的，而是经人的参化后生成的。正如冈仓天心所言："每一种茶叶的调理方法都是独一无二的，是它与水量、水温不同的契合程度，也是它所继承的前人智慧，更是它自己的叙事风格。"这表明茶需要人的参化才能生出"美"，"茶也需要一双大师的巧手，才能泡制出最高贵的质地"。同样，日常茶事也需要人去亲历与发掘，只有这样，人才能体悟"美"的本真与本心。

"善"之和气。善是美的积淀与象征，换言之，茶之美是生活"用"的真意，也是人们"善"的心意。我们每日与"茶""器"相伴，感受茶味与器韵，学会谦恭谨慎，体悟善美与雅致。内敛是中国文化的特征之一，也是茶文化的显现。其实，内敛是善美的外化，也是谦让的感化。因为茶让人在俭朴中感到自在，在适度中寻求美好，自然地趋向人情化、理想化的茶趣，走近生活化、寻常化、国民化的茶事。或许，茶生活已自然而然地丰富了我们的生活乐趣，它带给我们善意与美好，让我们欣赏最常见的美物，品味最常见的美味。就这样，品尝茶的滋味与观赏茶器的形制，共融于和谐之中。而且，日常的茶生活需要在雅俗交融中保持本真，这样才能体现出"茶颜器式"的"用"与"美"。背离"用"的茶艺，会走上铺张奢靡之途，而不会进入寻常百姓家。中国俗语"粗茶淡饭"早已塑造习"茶"的向度与善意，因此人们才会在庸碌平凡的生活中，仍对"茶"爱不释手。

### 三、茶趣之情境与陶冶

茶由最初的解渴治病之物，上升为艺术化、仪礼化的雅趣，必然会走上修身、礼仁、敬和、雅致之道。茶被人极大地美学化、哲学化，从茶趣始向茶境，走向茶道。这样，茶得到人们普遍的尊敬，而关于茶的生活叙事演化成一种唯美的精神与信仰，升华为"礼仁谦和"的哲理观和"至性至情"的生活观。在日常茶事中，茶颜器式的"用"与"美"，将茶趣艺术化，使茶艺文心化，使生活境界更加高雅。

"品"之远韵。由饮茶至品茶的转化，不只美化了关于茶的美好想象，还人格化了茶的品格与情趣，从而衍生了充满"诗情画意"的茶艺，提升了我们日常生活中饮茶的格调。显然，日常茶事重"品"，则有"味"，则可领悟"清茶远韵"之茶意，而品茶的高级化，细化了茶的精致优雅美和微妙高级美。纵观中国茶史，历代文人墨客曾将品茶升至审美艺术化、诗性化之境界，尤其讲究"品"茶之情操。从中国茶的香型分类和沏茶方式的特征可知，茶之美的工序与茶之味的享悦，始于茶的物化、美化、人化，故其贵在“品”，贵在“文质彬彬”之气质。由此，我们才懂茶之色、香、味、性，享受“茶颜悦色”之茶趣。近年来，中国茶艺表演活动渐增，无论是茶的沏泡方式、茶的品赏仪式，还是茶席的铺设样式、茶器的形制等方面，都显现了品茶的美学与哲理。“品”茶之式，简单而无穷，融“雅”的美学与“俗”的生活为一体，最终发展为中国茶生活的一种“修身养性”的美好事理和体悟教化。（图 4）

图4　茶碗　白明教授作

“气”之境生。茶，从“味”的物化趋向“美”的人化，形成了茶生活的文化品位与精神向度，反哺与参化了人的文化修养与精神品格。故今日的茶生活，已从单纯的饮茶演化为一种文趣雅韵的生活方式，一种怡情修身的美善方式，并融合了传统的儒、释、道思想。它还参化了茶事与人之间的和合象生思想。由茶趣渐入茶境，心气和合，我们才能净化、修炼自身的心灵。久而久之，我们便被茶滋养得充满和善之气。显然，日常的茶颜器式，蕴含着茶的精神品格、审美性情和生活逸气。它不仅美化了人的生活方式，还内化了人之静心、善心和文心，也润泽着人之雅气、意气、生气。换言之，茶会浸染人，使人趋向恬静淡远、谦和仁爱的胸怀意趣，使人营造怡情言志、美好娴雅的生活乐趣。无论是安静庄重地奉茶、文静舒坦地沏茶、恬静优雅地品茶等举动，还是茶桌上的壶、碗、杯和茶席中的叶、物、景等陈设用品，都使人们对茶的审美情境深远化，使茶生活更加有文趣、有雅气。那么，常态化的茶颜器式，蕴含着人与茶、茶器、茶室的和谐相处关系，也透露着人对茶事的精致打理和诚心善待。如适于煮茶的水、合适的茶器、美好的茶室，还有善于品茶的人，都要处于“和”的融洽状态，才能达到茶颜悦色、茶香宜人的效果。反之，肮脏的茶室、杂乱的茶桌、零乱的茶器，自然无法让人身处其中气定神闲地品茶，谈何高贵纯净之雅气！古语云“心诚则灵”，诚心待茶，才会拥有茶，才会生发茶之“精、气、韵”。

## 四、茶意之隐逸与自觉

茶看似简单自然，实则体现了“器道合一”的思想。日常生活中之茶事，经历了茶饮至茶艺的变化过程，即从味觉的感化、触觉的情化、视觉的美化，来使审美艺术化、情趣化、仪式化，形成一种怡人、养心、逸品之茶意，使“茶与人”“器与人”“道与人”相合。“茶颜器式”的茶意，深化了茶之生活叙事，由茶至平常之“凡”、善美之“度”、境界之“我”，达至美之境。

“凡”之本真。茶，源自茶树之叶，“一叶百味”，纯真清香，耐人寻味。简而言之，日常的茶习，或许用“凡”字概之，较贴近“茶”之本意。它“凡”在人间生活——饭后饮茶健康养生，或宾朋相聚时奉茶以示敬意；“凡”在雅俗意趣——喝茶时抒发人生感慨，怡情言志；“凡”在修身养性——品茶时静思远虑。可见，饮茶文化已分化为两个方向：一是普世化的平民“喝茶叙事”，二是雅集化的茶者“品茶论道”。茶已深深浸润了中国人的心，并使我们的生活充满美好想象，寻常之“凡”已生发至美善之“凡”，赋予茶极大的韵味与生气。茶习之“凡”贵在体现了日常“茶颜器式”的生活美，一杯茶清香满溢，沁人心脾，满足了人们的生活需求，也发挥了茶的“用”与“美”的功效，体现出中国茶文化的博大精深。中国茶文化平凡自然、纯朴多元，不像日本茶习过于高贵，过于讲究铺设、禅境。事实上，现实生活中的茶，随人而饮，随境而沏，随性而品。由生活简单化至需求人性化，再至待客礼仪化，经历了这一系列变化后，丰富多样的中国茶文化便应运而生了。日常的茶器见于平凡生活中，氤氲着人间烟火气，正因为这样它们才受大家喜爱。（图5）

“度”之自生。茶，有美的秩序与法则。中国文化的“器道”精神，在某种程度上，被茶表现得淋漓尽致。“品茶悟道”的生活常理，根植于东方文化，并使“茶颜器式”艺术审美化。“用”与“美”的法度化生了茶境之“茶、器、人”的相和相生，因此才激活了“真、善、美”的生活乐趣。

图5　茶碗　白磊教授作

显然，在唯美的“茶颜器式”以及清雅幽静的茶境背后，美若即若离，且透露出茶的律则与玄理。如茶叶与适宜的水温、容器，茶色与器色，品茶与仪姿，品茶之人与茶室，都要达到“物我合一”的境界。如此，人才能自然地体悟器之“形而下”与道之“形而上”的某种理念与信仰。因此，茶从“味象”至“道生”的升华，不仅是茶道的衍生，也是个人体悟的深化。只有开化了自我与茶境之美，才知“茶中之茶”的远韵，才懂“茶禅一味”的意境。无论如何，“被叫作某最高级的美的‘适度’之美却在日常用品中得到最为深刻的体现”。

“我”之象生。日常生活中，客人来时，主人会沏茶待客，平时则自斟自饮。因此，个人习茶的乐趣与美趣，更多的是通过一系列的饮茶活动来获得的——以自己喜欢的嗜茶方式，择取自己喜欢的茶器样式来完成饮茶之事。久而久之，自己便在茶境“悦我、善我、化我”的感化过程中，生情寓志，升华自我，以“善心”待物，并“善意”地用物，达到物我合一的境界。每个人心中的“茶颜器式”都不一样，总是受其特有的审美习性所影响。每个人都在心中塑造着专属于自己的茶境印象，而茶境又反哺自我，使人审视自身的不足，并以茶为媒来冥想、思虑“美”的好与“美”的我。一茶一世界，一杯一人生，或许茶境的呈现与茶意的表达，已表露出内心的“我”。故日常茶事不只是饮茶形式的体现、器具形式的显现，更是茶人形象的映现。茶的样式，就是“风格即人”的自我象生。室外嘈杂喧嚣，我们在室内静心沏茶，持杯品茶，获得自我的平静与美趣。这种唯美的生活，慰藉了我们疲惫的心灵。

## 结语

与我们的生活相伴持久的最近之物，理应是茶和器。“中华茶文化以‘和’为贵，可以通过体验式的交流带来直观的文化感受。”日常茶颜器式之平“凡”，却生发出非“凡”，并深化了茶的意蕴与哲理。总而言之，茶文化是中国文化的唯美体现，也是器道精神之集大成者，故茶颜器式隐现了生活外化之美与自我内化之善。茶的美化至人的参化这一过程则呈现了两层含义：茶美为“物尽其用”，茶意为“至善至美”。这种日常生活化、审美哲理化的文化，孕育了茶的生命美学。由日常的平“凡”至生活的非“凡”，茶化生了人们的人生哲学，使我们走上“茶颜器式”的文化自觉与开化之路。

（此文刊登于2020年第3期《茶叶通讯》）

# 试论美藏于日常“茶颜器式”

我们的生活正日益丰富和细化，茶正发挥着独特的“美”的培养作用。日常生活中，我们习惯于粗茶淡饭，口渴时，饮一杯清茶；饥饿时，就一点小菜吃一碗米饭。让我们依依不舍、倍感幸福的生活是这样简单。然而，每日寻常的饮茶活动，却蕴含着“美”的哲理与智慧。恰如柳宗悦所言：“最富有生气的美就在日常生活中，必须认识到，与生活深深交融的美才会越来越美。”茶生活简单而绵长，耐人寻味。茶的功能和律则，是生活文化的存在方式之一，并孕育出生活美学的精神信仰范式，同时也促进了“器道合一”思想的生活化、参育化、人格化。而在日常生活中，具有有序性的茶事已深深渗入人们的生活世界，并成为人们享受生活乐趣的一种方式。从某种层面来看，日常生活中的“茶颜器式”，不仅显现了清茶的美味，体现了茶器的美韵，还展现了茶境的怡情之美。

## 一、美——平易近人

生活充实美，也走近美之本真。反之，美不仅装点了人的生活，也陶冶了人的性情，使人更加平和。而日常习茶所用的“茶颜器式”——看似凡常的形态物式，实则非凡利人。

“致用”待人。墨子曾言：“有用则巧，无用则拙。”这句话反映出“物尽其用”的传统美学观。一杯茶，简单说来，由茶叶、水、杯三部分组成，也可以说由茶的种类、水的温度、沏茶的器皿、饮茶的空间等综合构成，完全展现了“茶颜器式”的物用美趣。事实上，茶存在的意义是为人们的日常生活所用。否则，茶便成了高贵、炫赏之物，失去平凡、淳朴的自然之美；沏茶的器皿也变成华丽、雕琢之物，失去实用、舒适的良器之美。久而久之，这种美便失去了茶事的国民化、普世化、美好化性质，自然离生活越来越远，也失去了茶对人的亲和力。显然，日常的习茶事理，以养身“利人”的茶性和悦目“致用”的器式为保障，来体现茶的存在价值，来展现茶的美。

“善美”宜人。自古以来，饮茶是中国人的生活习惯，并与民族精神息息相关。“善美相乐”的生活习性，不仅是民族文化的审美写意，也是我们信仰的精神写照，更是生命观念的集体表征。其实，茶反映了生活中的饮食美趣，也体现了生活事理的善美相生。茶丰富了生活的意义，调整了生活的秩序尺度，并反哺生活的“和善敬仰”之美。纯净、淳朴的茶碗内飘散出恬淡、清香的茶味，是生活物化“茶颜器式”形式美感的方式，如此简单的饮茶方式却物化了人的“善美”向度。在今天这个时代，繁杂、忙碌的都市生活给我们带来了丰富的物质生活，却无法让我们静心怡性。而茶带给我们最平和、最简单的生活世界，即“一茶一器一世界”的体验与妙悟。从茶之色味、器之美韵，到茶对人的修炼与浸染，人们慢慢走进自觉、自趣的生活。“自然的生活，自然的信仰，一切产生于其中。”这句话已道出日常“茶颜器式”之“至善至美”。（图6）

图6 茶碗 袁乐辉作

“平凡”近人。日常的茶生活虽平凡但见本真，也是保障美之国民化、平实化、自然化的基础。茶事寻常、朴素，贴近人们的生活。正是味香色悦的茶性与舒适好用的茶器，将“视觉—味觉—触角”渐融的感受世界生活化，将“物性—心性—生性”渐化的感悟生活审美化，自然地融合了人们普世化的雅俗性情，更体现了茶的本色本味，使其更加平易近人。习茶虽为平凡之事，却开掘了人们“养生、养心、养性”的素朴生命观，也细化了生活嗜好与审美乐趣，展现出茶的非凡魅力。纯朴的茶器，纯净的茶味，纯真的茶色，我们看似在品味茶香器韵，实则在体悟生命百态，品茶即是品人生。“特别的事物不是美，而所有平凡的则成为美。”正因如此，茶才成为众人的癖好，成为“众里寻他千百度”之美物。

## 二、美——日久生情

茶，为生活日常之物，与“美物”并称，久而久之，必怡人性情。恰如冯梦龙在《挂枝儿·相思》中所说：“想着他，念着他，恹恹成病，不茶还不饭。”“淡茶清香入心甜”，如此平凡的美物，成了平民百姓饭后享受生活的方式。慢慢地，品茶便成了我们日常生活中的习惯。茶集雅俗之美，可随性地简单饮茶，也可优雅地高级品茶，这使中国茶文化既能端上餐桌，又能登上大雅之堂。（图 7）

图 7　半刀泥雕刻茶杯　刘谦制

首先，寄物怡情。茶是有养生功效的饮品，是许多人的喜好之物，蕴含着“物性与人性”的精神向度，沁人心脾。因中国美学文化崇尚“体悟妙生”的哲学思想，善于用“以小为美”的审美情趣来寄物怡情，澄怀味象。日常“茶颜器式”之意趣，使生活乐趣普遍化，并滋生了物象美趣，形成了一定的美学定量，从而将茶之味性、趣性、悟性审美化，将物象的外化、物我的内化，变得自觉情感化，将饮茶的心灵体验和悟解能力细节化。因此，茶成了历代文人墨客叙述“雅趣逸事”的寄情美物。茶，味道平凡，常饮；茶器，形质平凡，常用，早已烙上个体审美的意趣与性情，通过嗜茶喜好的自然物象化、怡情化方式，来体现品茶者“惟嗜茶，凡属至处”的寄物抒情之美。无论怎样，茶让我们的生活美得耐人寻味，“茶的滋味品尝起来，让人无法不对它心向往之，而其层层展开、细致微妙的魅力，让它对此爱慕也当之无愧”。

其次，美物趣生。茶，指明美的方向，并与生活结合，“润物细无声”地深入日常生活中。显然，茶为自然创造的美物，需顺应自然之律则。“便利的享用与恬淡的味觉”是日常“茶颜器式”物态形式所蕴含的茶理的显现，让人们自觉地使茶事生活普世化，贴近人心趣性。反之，高贵、奢侈、铺张的茶事，则会让人变得格外拘谨、小心、压抑。这样，茶事便会成为少数人的珍品，随之曲高和寡。如此，便谈不上茶是“善美相乐”之美物，更谈不上“品茶逸事”之趣生。这道出了茶文化与日本茶文化的相异之处。平凡自然、轻松随性的茶事，普遍浸染了我们美好的生活趣事。款待宾朋的一壶茶，简而乐，味而鸣，开化了人们相见时的闲情逸致：“俗”可谈笑风生、闻听趣事，“雅”可写文咏诗、听琴赏月，可谓清茶远韵，美至极也。可见，茶作为生活美物，拥有种种美的可能性与遐想牲，而这种可能性与遐想牲就存在于日常“茶颜器式”之中，简至清茶一味，贵至妙趣一生，有心之人，才有有趣之生。（图 8）

再次，物我相忘。茶，普遍受人喜爱，以个人饮茶居多。饮茶将个人喜好的审美与意趣精妙化，让中国茶文化博大精深。无论是茶的种类、发酵香型，还是煮茶、抹茶、泡茶的范式，茶器的样式，都显而易见地反映了我们饮茶生活的丰富美趣，同时也反映出饮茶者的喜好倾向与审美取向。可见，茶是饮茶人的生活显现，简称“茶风即人”。“人类眼中所见之物，终究都是专属自己的映像”，而物感式的审美是中国审美活动最普遍的行为方式，也是日常“茶颜器式”之茶

图8　一片茶

境的妙生方式，通过茶之生活渐渐感知茶色物态、茶器事态、茶意景态，“情以物兴，物以情观”的“物化至人化”之审美，来实现审美精神“物我相忘”的妙生感化，化于“我”喜好的茶之美趣与境生。事实上，茶之生活，会慢慢地滋养人心，让人静心，让人善待美物，同时也深化了它的韵律，陶养了我们“仁者与物化生”的自我境界。“无心是美之源泉”，这个道理已深深地渗透在日常“茶颜器式”之中。从茶事的“有心”到茶美的“无心”——“知行合一”的化生，使饮茶人实现“物我相忘”的自我“写心”，即达到平凡之物至非凡之美的茶境。

## 三、美——以小喻大

中国是茶的国度，茶生活早已发展为具有中国文化形式与内容的审美意识和情趣。而这种审美意识和情趣所表现出的“善美”与“器道”思想，通过自我“应物斯感、感物言志”的“交感、参化、升发”过程，以“小化大”“简至深”的渐悟方式来习得茶道。茶叶生长于不同的环境、时节，凝聚着“看青做青”的制茶经验与智慧，孕育了老与新的茶性、淡与浓的茶颜、甜与涩的茶味，自然形成茶与人的时空对话和生命交互，渐渐生发了人之美趣，妙生了美之哲理。这正是茶之国度“以小喻大”的自我审美修炼、自觉内化善美的文明结晶。（图9）

图9　台湾刘钦莹老师的茶室

首先，参化育人。明代王阳明倡导“知是行之始，行是知之成”的“知行合一”。而茶恰是我们“致良知”的参化和体悟过程，饮茶人只有身临其境，通过日积月累的沏茶事理、赏茶仁礼、品茶冥思等茶境，才能体悟日常“茶颜器式”中的茶事法度与器道精神。从“有心”至“无心”，慢慢地驯化自我的身心与性情，渐渐地便形成了一种审美化的嗜茶习性与修身之道法。如同明代榭榛所说：“造物之妙，悟者得之。”茶之美反映了每位习茶者的嗜茶偏好、沏茶用器的样貌、品茶器具的形意、茶桌的经营打理、茶室的规划布局等风貌，也显露了“文趣雅集”的物与心。故一壶茶能让人感受茶之味，还能让人感悟茶之道，隐显出“化我境生”的无穷无极之美。换言之，日常茶事，构成了生活之美的终极关怀，滋养着人，也净化着人心。“参化育人”的自然恩泽与对生活的善待，更是中国茶文化的精神与美意。

其次，化我境生。茶，从简单初级化至审美高级化，促进了饮茶生活的艺术化和思想化，茶之美由此走上“茶习—茶艺—茶道”之路，并逐渐深远化、哲理化，而且促进了茶事的“品”与“道”、“物”与“我”、“心”与“境”的融合。茶，“用之利人”，在日常生活中贴近人心、意趣，是真正务实的美物，使得饮茶人“应物会心”的审美方式更加丰富。这样，茶便融入了人们日常生活中的“茶颜器式”之世界，善待众人，普度众生，化我境生，带来美之虔诚与敬仰。当然，生活中的习茶之人和他们的善茶之心，早已透露出清净、内敛、谦和的文心雅气，或许正是生活与茶事的日夜熏陶和浸染，才升华了审美境界，并反哺生活的“真、善、美”。显而易见，由茶之美物至茶之美意，日常茶事细化了我们的饮茶生活和文集雅趣，自觉地陶冶了我们“爱物、惜物、待物”的性情，提升了我们的涵养，艺术化了“诗情画意”的理想追求，实现了“天人合一”的和谐美。茶早已被国民信仰化、律则化，所以日常“茶颜器式”的物态形式，自然而然地融合了“儒、释、道”的思想精神，由平常的茶事演化至深奥的茶道，进而教化我们从茶之“用”与“美”、“利”与“巧”的相互关系，来思考、修炼人之“欲”与“心”，以生发至美至善。

## 四、美——生生不息

《国语·卷十七·楚语上》言：“夫美也者，上下、内外、小大、远近皆无害焉，故曰美。”茶，为日常生活的凡物，以一种“美”的饮品形式传承至今，构成了雅俗相乐与虚实相生的生活文化，不仅培养了我们自觉化的审美，还隐喻着参育化的生活，并自然地化为美的形式律则与道法秩序，生生不息。

首先，生活源生。浮躁的时代，身心难得安静，我们自然需要一种善美相乐的趣事来慰藉与净化身心。茶给我们的生活带来清雅恬淡之气，其参化修身、去杂除烦之功效，让我们求得身心的安宁，寻得美好的心情，修得高雅的品位。茶意是人化的自然形式，由自然美提升至文化美，开掘了茶事的双重性——自然口味化与文化品位化，细化了茶的器道美学精神。事实上，待茶所用的日常“茶颜器式”，体现着“依茶择器”之常理，隐藏着“以物待物、以美善美”的物化方式与人化形式，并契合于品茶过程中的物感美生，即茶叶的津味色香、茶器的形饰质泽、茶人的心性意趣，达到“修身泽物，物生大美”之心境。《庄子·田子方》云：“物无道，正容以悟之。”茶为生活中的寻常之物，近人贴心，既有“有我之境”，又有“以俗入雅”的善美相乐，可让人体悟“味外之旨”。换言之，美是生活形式的反映，茶则是生活的参化，让我们善美了人化物趣的方式，丰富了心化物美的形式，还妙化了境生物我的样式，从而淋漓着美的源生。（图 10）

图10 茶杯 陈伟制

其次，文化象生。茶，不只是文化的生活方式，也是文化的叙事渠道，留有我们美善的乐趣与记忆，让人周而复始地喜爱、厚待它。可是日常习茶之事，常以俗文化的形式贴近生活，喝茶聊天、叙事，简单待之，自然度生，平凡享乐；也以雅文化的形式升华生活，品茶赏玩、仪理，净心得之，规整秩序，善化物心。正是茶文化的这种双重性，细化了“茶颜器式”的风格样式，促进了生活美学的平凡化、律则化。“依茶择器”的冲泡方式，体现着地域文化的特色，也丰富了生活美趣的样式。无论是茶的色香津味，还是茶器的形制饰样，都早已润饰了中国茶文化的美与意，都是生活文化的直观写照。例如潮汕工夫茶讲究“一壶三杯”，成都茶馆时兴“盖碗茶”，这些茶文化都具有鲜明的地域典型性，并传承了地域茶文化的特质与雅俗。同时，日常茶具的造型、装饰、质色及器皿的形态结构和功能美学，都与地域茶文化息息相关，但整体上突出含蓄、内敛之美，保留中正、谦和的形式与内容，这也是日常“茶颜器式”之美的隐现与象生。

再次，信仰众生。一种集体表征的生活方式，反映了民族共需的文化属性与审美精神，也代表着民族信仰的一种美学语式。历来“家”文化延续着我们民族的信仰方式和生活方式，茶文化反映出这种共性表征的物质与精神需求，平凡且有余韵，情深而又味远，因而才留在寻常百姓家。显而易见，浓厚的朴素观的表现形式——“粗茶淡饭”，富有无穷的美趣逸事，不仅是俗文化的生活源泉，也是百姓饮茶的生活律则，还是“家”文化的一种体现。日常习茶之事，是一种有意味的生活形式与美学秩序，蕴含着生活教化的谦让、仁爱、亲善等精神思想，世代相传，本身早已烙上了“儒、释、道”思想的印记。中国审美文化中的“格物致知”思想，物感人化于日常“茶颜器式”之物象世界，修身、养性、善美，同时影响着饮茶人的言行、仪容、品格、风度。那些寻常的茶壶、茶杯、茶碗，表现出茶室的铺陈器式与赋彩样式，也反映了饮茶人的生活涵养与精神信仰。事实上，日常的“茶颜器式”因人而异，有习茶与粗器，有好茶与媚器，也有善茶与美器，更有美茶与巧器，这才是茶的雅俗相生，这才是真正意义上的信仰众生，善美相合。（图 11）

图 11　白釉茶碗　白磊教授作

再次，自信孕生。日常茶事之“茶颜器式”，是茶之“物化与人化”的形式与内容呈现。正是这种物态的秩序美感，丰富了习茶人的生活乐趣，赋予了美的特质与律则。从某种层面来看，以“我”为中心的茶生活，其习茶的法则与事理，不仅善美了自我生活的秩序化与适应化，还妙趣了自我生活的美学化与理想化，更促进了自我生活的情境化与自信化。由此，日常茶事，由外而内、日积月累地熏陶着自我情趣，使人达到“贵在适度，美在和谐”的自觉化境界，渐渐地形成一种“赞天地之化育”与“妙合无垠”之化境，从而育化个人的真、善、美。生活中的习茶者，会自然地流露出“文质彬彬”的气质和“大美无华”的自信，体现出自然、平实、谦和的美。茶的信仰会净化人心，美善人品，引导我们始向最高的美趣乐生与妙悟化生。日常的“茶颜器式”，显露出美的律则与理的道法，饮茶人会渐渐升华至“物我相合”之境界，使自我内修与外饰相合。如此，个体心灵得以安宁，饮茶人得心应美、净心象生。茶，看似一壶一杯，实则参化人的一心一意，似淡非淡，渐老渐熟，这正是茶之美物的妙生和美之自信的化生。如果说日常“茶颜器式”的物态形式孕育着美的本真、本色、本味，自觉化了生活美的精神境界，也发掘了人们的生活乐趣，那么茶作为生活之美物，自然会由待茶得道的人化达至清茶韵美的自信。

### 结语

生活敲开了我们洞察美的门，也细化了美显现于生活中的各个方面，故“美存在于我们的眼中，也存在于我们使用的语言和周围世界的各个角落”。时至今日，茶早已浸润人心，呈现在日常“茶颜器式”中，并滋养着人的茶习与美趣。这其中还隐藏着美之生活的“善美相乐”与“物我合一”。茶已成为支撑着中国人的感物化审美方式与器道化哲理典式，或许这就是中国文化自信的自觉之路与生生之道。

（此文刊登于 2021 年第 3 期《茶叶通讯》）

# 第一章　习茶之性

我国幅员辽阔，许多地区的气候都适宜茶树的生长，种茶历史悠久，产茶区域广阔。俗话说："一方水土养育一方茶。"受土质、气候以及人为因素的影响，不同地区所产的茶有着细微的差别。无论外观、香气还是口感，各地茶叶都别具一格，形成了中国茶叶的多种风貌。同时，不同的人文环境自然造就了日常习茶的不同偏好与习性。

任何事物都有自身的生命特性与存在方式。而茶集合了天巧人工的经验与智慧，因此成为人们生活中喜爱享用的饮品。茶作为生活美物——天然饮品，常以色、香、味的感性美来表现日常习茶之美学程式，蕴含着一种习茶之性，善在"名茶育人"，美在"香色沁人"，乐在"甘味津人"，因此成为平凡乐道之物。

## 第一节　名茶育人

茶叶种类繁多，从自然生长的鲜叶到遍布世界各大产区的各类名茶，每一片茶叶都散发出宜人的芬芳，让我们享受茶香茶韵的无尽之味。在某种意义上，茶叶更多地反映出人们"看青做青"的制茶经验与智慧。正是制茶人的实践经验的累积，形成了各类不同的制茶工艺。在茶树品种、生长环境、加工技艺及饮茶风潮的影响下，制茶工艺历经演变，茶叶样式更加丰富，从而使茶叶呈现出地域特色。茶叶品名与属性的细化，丰富了中国名茶的色、香、味，更充裕了我国的习茶趣事。（图 1－1）

茶，人人用之。"神农尝百草，日遇七十二毒，得荼而解之"，晏子"以茶代菜"。这里的"荼（茶）"是指从野生茶树上采摘下来的青叶。可见，中国人发现了茶，利用了茶，在真正意义上推进了人类品饮方式的发展。茶叶的利用早于制茶工艺的创制，到中唐时期，制茶工艺已日臻完善，人们已经掌握了成熟的蒸

图 1－1　茶树绿叶

青茶饼的制作工序。关于茶叶的晒青、蒸青至加工成茶饼的过程，陆羽在《茶经·三之造》中记载称："晴，采之，蒸之，捣之，拍之，焙之，穿之，封之，茶之干矣。"

唐、宋时期，因贡茶的兴起，制茶技术大大提高，茶叶加工技术不断演变与革新，茶叶新品与种类因此不断涌现。据《宋史·食货志》载："茶有二类，曰片茶，曰散茶。"片茶即龙凤团茶，散茶即蒸青散茶。龙凤团茶的制作工艺包括采茶、拣茶、蒸茶、榨茶、研茶、造茶、过黄等过程，体现出制茶用料考究、做工细巧的特点。龙凤团茶是茶业中的极品。由于蒸青龙凤团茶在压榨去汁时流失了部分茶香，制茶工艺费时费工，因此人们改良创制出蒸青散茶。蒸青散茶，不仅较好地保留了茶的香味，而且加工过程更加简单，只需经过采茶、拣茶、蒸茶、烘干四道工序，省时省力。1391 年，明太祖下诏废除贡茶——龙凤团茶，改用散茶。自此，明朝开始盛行蒸青散茶。

蒸青散茶虽较好地保留了茶香，但其茶香味不够浓郁、持久，制茶的工匠于是开始利用干热炒青技术来提升茶香的馥郁程度。其实炒青技术，唐代以前就存有，但在明代才日趋成熟，在张源的《茶录》、许次纾的《茶疏》、罗廪的《茶解》中均有详细的记载。这些书介绍了茶叶加工过程中有关杀青、摊晾、揉捻和焙干等工艺技术要点。茶叶的加工技艺经过不断实践、积累，分化出各不相同的茶叶制作工艺，使得茶的色、香、味、形各具特色。正因如此，中国茶品芬芳馥郁，争奇斗艳。说中国为茶之故乡一点儿不为过。

我国茶叶品名、种类繁多。根据茶叶的制作方法和加工工艺的不同以及品质特征，茶叶可划分为红茶、黄茶、白茶、青茶（乌龙茶）、黑茶、绿茶六种。前五类茶都是在绿茶的基础上制成的，但是它们选用的鲜叶原料和制作工艺不同，这决定了它们的类别与特性各异。此外，还有各种再加工茶，如花茶、小柑橘茶、茶膏、茶粉。

### 一、绿茶及其特性

绿茶属于不发酵茶类，因干茶叶与冲泡后的茶汤、叶底的色泽均以碧绿青翠的绿色为主，故名“绿茶”。事实上，在六大茶类中，绿茶是世界第一的茶类。制作绿茶首先要将茶树新梢（嫩芽叶）采摘下来，然后进行杀青、揉捻、干燥等工艺处理。通常，绿茶的制法重在杀青工序，这道工序可以迅速钝化酶的活性，从而制止多酚类物质的酶促氧化，完好地保持其“绿叶”“绿汤”的青绿特色。因地域等因素的不同，茶叶初制过程中的杀青和干燥方法也不同，因此，茶叶又可以分为蒸青绿茶、烘青绿茶、炒青绿茶和晒青绿茶四种。恩施玉露是我国为数不多的蒸青绿茶品种，具有“三绿一爽”的品质待征，即干茶色泽翠绿，其外形如松针，条索紧细圆直，白毫显露，茶汤嫩绿，叶底青绿，茶汤滋味鲜爽甘醇。而烘青绿茶的特点是外形完整、稍弯曲，锋芒显露，茶色墨绿，香清味醇，其茶形有条形、尖形、片形、针形等。譬如黄山毛峰，其茶形微卷，条索细扁，状似雀舌，白毫披身，芽尖似峰，色如象牙，鱼叶金黄，回味甘甜。又如六安瓜片，因其外形呈片状、似瓜子而得名，其茶叶分为谷雨前采制的“瓜片”和梅雨季节采制的“梅片”。极品瓜片白毫披身，形似瓜子，自然平展，叶缘微翘，色泽翠绿起霜，青绿明澈，味醇鲜爽，回味甘甜，香气浓馥，叶底嫩绿明亮。再如太平猴魁，其叶片平扁挺直，不曲，不翘，不散。芽叶周身披白毫，含而不露。（图 1－2、图 1－3）

图1－2　黄山毛峰

图1－3　太平猴魁

绿茶品种繁多,通常所说的绿茶是炒青绿茶,因干燥方式为炒干而得名。炒青绿茶主要有长炒青、圆炒青和扁炒青三类。长炒青形似眉毛,因此又被称为眉茶。大部分长炒青绿茶色泽绿润,香气持久,滋味浓郁,汤色、叶底嫩黄。

譬如庐山云雾，其条索紧结重实，叶肥芽壮，芽头隐绿，白毫显露，色泽葱翠；君山银针，芽头肥壮，紧实挺直，芽身金黄，满披银毫，汤色嫩黄明净；信阳毛尖，外形细、圆、紧、直，白毫显露，汤色嫩绿，春茶和秋茶为茶中上品，有“春茶苦，夏茶涩，秋茶好喝舍不得摘”之说；都匀毛尖，外形匀整，身披白毫，芽尖细嫩且呈条索状，香气优雅清爽，滋味甘醇浓厚，叶底绿中显黄；蒙顶甘露，其鲜叶要先摊放和杀青，经三次揉捻、三次炒青后卷紧成条，故其外形紧卷多毫，颜色嫩绿润亮，香气馥郁浓醇。当然，各地都有长炒青绿茶，就不一一列举了。（图 1－4）

图 1－4　庐山云雾茶叶

圆炒青呈颗粒状，因此又被称为珠茶。圆炒青香高、味浓、耐泡。譬如，洞庭碧螺春，叶芽幼嫩，卷曲成螺，白毫毕露，银绿隐翠；普陀佛茶，外形“似螺非螺，似眉非眉”，芽毫显露。扁炒青，又称为扁形茶。譬如，西湖龙井，一芽二叶，初展时形如雀舌，茶汤清澈明亮，香气清高，味甘醇厚，具有“形美、色绿、香郁、味甘”的特点；江苏金坛雀舌茶也属于扁形炒青绿茶，外形扁平挺直，形似雀舌，条索匀整，色泽绿润。

晒青绿茶，是指鲜叶经过锅炒杀青、揉捻以后，利用日光晒干的绿茶，有股浓浓的太阳味。以品质优良著称的云南大叶种绿茶，被称为“滇青”，是制作紧压普洱茶的原料，如沱茶、饼茶、方砖茶。其他原料主要分布在湖南、湖北、广东、广西、四川、贵州等省。一般，“滇青”茶的采摘标准为一芽三四叶，芽叶全长6—10 厘米，其外形粗壮肥硕，白毫显露，色泽深绿油润，香味浓醇，汤色黄绿明

亮，叶底肥硕。（图1－5、图1－6）

图1－5　云南古茶树

图1－6　云南晒青老曼峨

## 二、红茶及其特性

红茶属于发酵茶类。因干茶和冲泡后茶汤的色泽红艳如琥珀色，故名“红茶”。其实，红茶是我国第二大茶类，分为小种红茶、工夫红茶和红碎茶等类型。虽然红茶种类繁多，但制茶工艺大同小异，其制作工序有四道——萎凋、揉捻、发酵和干燥。通常，红茶以茶树的“一芽两叶”为原料，先将新鲜的叶片放到一定的温度下氧化萎凋，蒸发水分，此时叶片变得柔软，有韧性；经揉捻后，茶叶的细胞结构被破坏，萎凋后的叶片慢慢变成条索状，同时叶片内部的多酚类物质与氧化酶充分接触被不断氧化，即边揉捻边氧化，茶内物质随之发生变化；经过发酵后，绿色的茶叶发生红变；经过干燥和蒸发水分，茶叶停止发酵，形状固定，青草味散去，茶香四溢。红茶的制作没有杀青这一步，只是使所含的茶多酚氧化，变成红色的化合物。这种化合物使茶汤色泽均匀，红中泛青，香甜可口，最终形成红汤、红叶。（图 1－7）

图 1－7　祁门金针

正山小种红茶，又被称为“武夷云雾茶”，是我国特有的一种红茶，原产于武夷山市星村镇桐木关一带。正山小种又被称为“桐木关小种”“星村小种”。正山小种是世界红茶的鼻祖，明代中后期便漂洋过海，可以说是“墙里开花墙外香”。因高山气候与生长环境自然独特，采用全发酵，松香烘青、焙干等制茶工艺，正山小种形成了别具一格的形、色、香、味。正山小种红茶条索肥壮，色泽乌润，冲泡后汤色红艳，香气浓郁，并伴有淡淡的松香。而采用“一芽一叶”制成的正山金骏眉，外形紧结完整，汤色油润，毫色金黄，香气清雅、含蓄，回味绵长。祁门红茶，简称“祁红”，也叫“祁门工夫红茶”，因主产于黄山西麓祁门县而得名。历史上，其产区主要指黄山市祁门县、黟县、黄山区（原太平县），池州市石台县、贵池区、东至县及江西省景德镇浮梁县。如今景德镇产制的红茶称为浮红。祁红形质皆美，条索紧结修长，色泽乌润，冲泡后汤色红艳明亮，滋味清醇绵香。上品祁红甚至有一股蜜糖味、兰花香味。云南滇红工夫茶，简称“滇红”，主要产自云南临沧、保山等地。这种茶叶属大种叶型工夫茶，条索紧结，壮硕肥厚；干茶色泽油润，金毫显露，而茸毫呈黄色，常分为嫩黄、菊黄、金黄三种。冲泡后，汤色艳丽澄黄，滋味醇厚甘爽，香气浓厚绵长，叶底红嫩鲜亮，伴有醉人的花香，且经久耐泡。红碎茶已有百余年历史，依成品花色或外形特点可分为叶茶、碎茶、片茶以及末茶。红碎茶冲泡后茶汤色泽红艳，香气浓郁，滋味醇厚，以至近年来饮茶者对茶叶的自然形、色越发青睐。红碎茶已渐渐变成大众茶，变成快捷饮品店或酒店里粗劣的袋装红茶。当然，其他产地的红茶也相当有特色，味津醇香，此处不再详叙。（图1－8）

图1－8　云南大金针

## 三、乌龙茶及其特性

乌龙茶，即青茶，发酵度为30%—60%，属于半发酵茶类。乌龙茶综合了绿茶和红茶的制法，常有“绿叶红镶边”的特点，其味性介于绿茶、红茶之间，既有红茶的浓郁滋味，又有绿茶的清纯芳香，富有浓厚、清爽之气。乌龙茶的制作工艺，主要包括萎凋、做青、杀青、揉捻、焙火、干燥等流程。目前，日常所饮的三大乌龙茶为武夷岩茶、安溪铁观音、凤凰单丛。

武夷岩茶，素有“岩岩有茶，非岩不茶”之称，故名“岩茶”。因武夷山属于红岩石构造的自然地质山脉，形成了独特的适于茶树生长的自然环境，从而造就了武夷岩茶的种种传奇与佳话。据史料记载，武夷岩茶早在唐代就被作为馈赠佳品；宋、元时期，武夷岩茶又被列为贡品，朝廷还在武夷山设立了“焙局”“御茶园”；明末清初，“乌龙茶”成功创制。武夷岩茶有绿茶的清香和红茶的甘醇等特点。其实，武夷岩茶因产地不同又分为正岩茶、半岩茶和洲茶三种，主要以大红袍、铁罗汉、白鸡冠、水金龟四大名枞最为著名。大红袍茶产于天心岩、九龙窠的悬崖峭壁之上，叶质较厚，芽头微微泛红，散发桂花香气，有“十泡有余香”之称。铁罗汉为武夷山最早的名枞，茶树生长在慧苑岩的鬼洞，贵在刚烈浓郁的口感，其芽身披茸毛，叶大而长，叶片细嫩有光、柔软如绵，口感独特，舌有余甘，且香气浓郁、滋味醇厚。白鸡冠的原产地为武夷山大王峰下止止庵道观的白蛇洞，其茶树虽不高大，但枝繁叶茂。其芽叶奇特，芽儿弯弯又附着茸毛。干茶条索紧实，色泽一半呈黄绿，一半为豆沙绿，且隐有红点，嫩叶薄软，饮用后口齿留香、神清气爽。水金龟，产自武夷山区牛栏坑杜葛寨峰下的半崖上，其叶片厚实浓密，翠绿油润，极富光泽。其茶叶冲泡后，口感醇正，香气宜人，并隐有甘爽的酸梅汤味。不同于其他岩茶的兰花香，水金龟散发的是蜡梅香气，浓郁淡雅。武夷岩茶素有“醇不过水仙，香不过肉桂”之说，武夷肉桂与水仙自然也成了名枞好茶，汤色橙黄，光泽艳亮，有明显的桂皮香及兰花香，沁人心脾，给人一种舒爽、浓郁的芳香。（图1-9、图1-10）

安溪铁观音，原产于福建安溪西部的内安溪。“铁观音”既是茶名，又是茶树品种名，此茶因形如观音、沉重如铁而得名。该地群山环绕，山峦重叠，气候温和，雨水充沛，终年云雾缭绕，适宜茶树生长。铁观音茶树不大，枝条披张，叶色深绿，叶质柔软肥厚，芽叶肥壮。铁观音茶的采制技术比较特别，不是采摘幼

图1-9　武夷山正岩茶丛的生长环境

图1-10　武夷岩茶焙火工艺

嫩的芽叶，而是采摘成熟新梢、驻芽的两三叶，俗称“开面采”。铁观音干茶，条索圆结匀净，多呈螺旋形、蜻蜓头状、青蛙腿状，身骨重实，色泽沙绿翠润，青腹绿蒂。冲泡后，汤色清澈金黄，滋味醇厚鲜甜，入口微苦，立即转甘。叶底肥厚软亮，青翠的叶片显露着红边，具有天然的兰花香，且耐冲泡，有“七泡留余香”之誉。

凤凰单丛茶，原产于广东省潮州市潮安区凤凰镇，属于品质好、香气高、香型多的乌龙茶。而凤凰镇以种植黄栀香、姜母香、蜜兰香、桂花香、柚花香、肉桂香、玉兰香、杏仁香等高香型单丛闻名。所培育出的石古坪乌龙与姜母香、柚花香、茉莉香、杨梅香等单从堪称稀世珍品。凤凰单丛香气浓烈，叶带浅黄色或浅绿色。冲泡后，汤色清澈黄艳。随着茶汤热气缓缓上升，一股浓浓的香气渐渐散发，沁入肺腑。

## 四、黄茶及其特性

黄茶属于轻度发酵的茶类，发酵度为10%—20%，具有色澄味浓的特性。其实，黄茶和绿茶的基本制作工艺类似，只是多了闷黄工序——在制茶的过程中让新鲜的绿色嫩叶迅速变成黄色，黄汤、黄叶由此而来。故黄茶的制作工艺贵在“闷黄”，即利用高温杀青破坏酶的活性，从杀青到干燥结束，都可以见到为茶叶的黄变创造的湿热工艺条件。有的茶叶在杀青揉捻前堆积闷黄，有的茶叶在揉捻后久摊或堆积闷黄，也有的茶叶在毛火初烘后堆积闷黄，还有的茶叶在闷炒交替中闷黄。

按芽叶的嫩度和大小，黄茶分为黄芽茶、黄小茶和黄大茶三类。通常，黄茶的芽叶细嫩、显毫、香醇。譬如，君山银针黄茶——我国“十大名茶”之一，茶芽挺直，身披银毫，形似银针。其茶叶全选用芽头精制而成，芽头为橙黄色，外面覆盖着一层白毫，而茶汤水色金黄润泽，滋味浓醇甘甜，素有“金镶玉”的美誉。当然，还有其他黄茶，如春分时采摘的“一芽一叶”精制而成的蒙顶黄芽、霍山黄芽、广东大叶青。

## 五、白茶及其特性

白茶也属于轻微发酵的茶类，发酵度为20%—30%。因其成品茶表面披满白毫，如银似雪，故名“白茶”。白茶主要产于福建省福鼎、政和、建阳、松溪等地，云南、贵州、广西、四川等省也生产白茶。白茶，最初仅指表面密布白色茸毛、色泽银白的“白毫银针”。后来人们对白茶的品级进行了细化、分类，根据茶树和鲜叶原料的嫩度，并根据白色茸毛的特征来采摘“芽”“一芽一叶”“一芽两叶”即“三白”，制作白茶。现代白茶已衍生出四大品种，即银针、白牡丹、贡眉、寿眉。白茶经自然萎凋、烘焙（或阴干）、拣剔、复火等工艺制成。其中，萎凋是决定白茶品质的关键工序，决定了制作白茶的时间。从时间上看，白茶可以分为白茶和老白茶。“一年茶，三年藏，七年宝”说的即是白茶随时间的变化。

可见，毫色如雪的白茶，不炒不揉，不堆不闷，自然具有芽毫完整，满身披毫，毫香清鲜，汤色浅黄、透亮、清澈，滋味甘醇等特点。譬如，银针白毫，基本为纯毫芽，不带梗蒂。芽头肥壮，挺直如针，满披白毫，如银装素裹般。茶汤色浅、杏黄，滋味清爽、润口。银针白毫为白茶珍品，且有“茶王”“茶女”的美誉。其中，白牡丹，茶如其名，绿叶间夹银白色的毫芽。冲泡后，绿叶托着嫩芽舒展开来，如同初放的牡丹一般美丽动人。其干茶外形似枯萎的花瓣，色泽灰绿或呈暗青苔色。经冲泡后，香气清新怡人，滋味新鲜爽口，汤色杏黄或橙黄，清澈明亮，叶底浅灰，芽叶连枝，叶脉微红。贡眉，又称寿眉，常以茶树的芽叶制成，故亦称“小白”。一般来说，其芽心较小，毫心显而多，色泽灰绿带黄。冲泡后，汤色黄亮，叶底鲜亮，叶片黄绿，叶脉泛红。滋味清甜、醇美，茶香怡人。（图1－11）

图1－11 白茶

### 六、黑茶及其特性

黑茶，发酵程度为100%，属于后发酵茶类。因其原料较粗老，在加工堆积过程中延长了发酵时间，叶色油黑或黑褐，故名“黑茶”。黑茶随陈放时间的延长与自然氧化过程，形成愈久愈醇的香味。黑茶诞生于明代，按产区和工艺可划分为湖南黑茶、湖北老青茶、四川边茶和滇桂黑茶四种。其中久负盛名的普洱茶，用优良的云南大叶种鲜叶制成，外形条索粗壮肥硕，色泽乌润或褐红，味道醇厚回甘，具有独特的糯米陈香滋味。通常，黑茶有散叶条形状，可直接冲泡饮用，也可压制成各种砖茶，留待以后备用。制作黑茶的基本工序可概为杀青、揉捻、渥堆、干燥四道，关键在于渥堆的时间和程度，因为渥堆不仅决定着茶叶氧化发酵的程度，也决定着黑茶的品质。总之，黑茶汤色呈深橙黄色或褐红色，滋味浓醇、陈香，有消暑祛湿、消食化痰、明目清心、抑菌降脂等保健药效，有“滋补养生茶”的美誉。

## 第二节　香色沁人

茶，看似是由一片片嫩芽细叶制成的片条形、螺形或扁形的干茶叶，实则是种种制茶工艺、经验的累积与发现。正是制茶人成就了茶叶的形、色、香、味之美，并自然、自觉地使茶成为我们生活中品饮的美物。在某种意义上来讲，发现茶和利用茶，才是茶的生命存在意义与延续方式。茶，正因为有“因地制宜”的自然属性与人文特征，有“材美工巧”的地域技艺与经验智慧，才真正实现了由物化至人化的转变，实现了茶叶的价值。其实，它成为人类的美物，成为国民嗜好之物，不仅因为茶的香气沁人，也因为茶的醇味入心，这体现出茶的巨大魅力。

国内茶叶的命名方式多种多样，主要依据茶的形状、颜色、香气、滋味及品种等来命名。受土质、气候以及人的习性等因素的影响，各地所产茶存在细微的差异，特别是在茶叶形制、香型、口感方面，各有特色，别具一格。换个角度看，茶叶的香气、色泽、滋味是人们习茶嗜好产生的动因，也是我们享茶时津津乐道的始向。有时候，饮茶是我们生活中一种“怡情悦性”的喜好，一起品赏茶香，感受香色沁人、耐人寻味的茶颜悦色之生活。事实上，对茶叶芳香浓淡与色泽深浅的感知品赏，关键在于我们自己能否感知它本身耐人寻味的味道，这恰恰与“通人情的线条在我们眼中才美”[1]之意相得益彰。这样，茶的滋味才会真正地感动我们，美至人心。或许茶汁的香气与色泽，有它超然的特性，让我们享茶时“除了感到愉悦之外，还隐约萌生出深切的归属感”[2]。

## 一、清香喜好

茶的芳香，体现出中国茶叶制作的工艺特色与味性特点，在某种意义上，也反映了中国人的饮茶习性与品饮方式。其实，人们平时在生活中喜爱喝茶，不只是因为茶是一种修身养性的天然饮品，更重要的是因为茶有一种自然的芳香味道，回味甘醇，易让人沉浸其中，念念不忘。当人们对茶汁的芳香习以为常时，享茶便成为人们日常生活中一种习惯性的感受与喜好。我们从未过多地关注它散发香气的缘由，只是自觉地说出“好喝”二字来形容它的味道，“人们表面上疏忽，但内心深处充满对美的喜爱与渴求”[3]。香气让茶汁的滋味更开阔、丰富，更细微、奇妙，同时也让人由内而外地自主表露出一丝“心爽乐生”的快感。

显然，淡雅的香气是茶叶的一种基本特性，也是我国绿茶、黄茶、白茶等茶类所普遍蕴含的香型基调。其实，茶的滋味和清香，我们难以用语言来形容。它是一种具象、微妙，而又纯净、幽远的东西。茶叶这种渐隐渐现的自然香味，恰恰是我们喜好“清茶远韵”之茶香美生的缘由。茶的芳香，既温柔，又让人沉醉，散发着一股亲和人的感染力与吸引力，让人荡漾起快乐的感觉与喜悦。很多茶散发出清淡的醇香，譬如，大部分蒸青绿茶有清新的香味，如恩施玉露、峨眉竹叶青；而烘青、炒青绿茶多半有清纯、高鲜的香味，如庐山云雾、黄山毛峰、蒙顶甘露、六安瓜片、太平猴魁；有些黄芽茶也有清新、醇和的香味，银针、白牡丹等白茶略有清淡、鲜纯的香气。总而言之，茶的香色让人们的生活更加有味、灵动。因此，茶之味美清香，不仅表现出众人日常的熟悉味道与喜好共性，也反映出饮茶文化的习性特点，还体现了茶的平淡香味之自然本真。

## 二、花香嗜念

花香型，本文指各种茶树的鲜叶制成的干茶冲泡后本身所散发出的“青花香、甜花香和花果香”等香气特征。茶叶，为自然生长的嫩芽，因茶树品种不同，以及海拔、气候、土壤、雨水的不同，而呈现出不同的物质机体与芳香属性。在后期制作干茶时与冲泡时散发出不同的花果香味，已成为上品茶的评判标准。

可见，茶叶的花果香味，不仅精善了茶叶的制备工艺和技巧，也精微了茶叶的滋味，还细化了茶叶的香型气味与雅美文趣，从而使茶的韵味玩味化，使茶的口感高级化，也使茶味的习性与美意高贵化。通常，这类果香型茶，常见于乌龙茶和红茶两大类。品果香型茶，特别是武夷岩茶、凤凰单丛、铁观音等高香型茶类，重在品茶的香气和滋味，贵在品茶的甘味。这是当下喝茶者品评玩味的重要方式，体现出中国茶文化的博大精深。

诚然，茶叶的花果香味是茶由物化至人化的审美升华，也是茶叶的自然超越与巧化妙生。它不是让我们雾里看花，而是赋予更多的美物灵性。譬如，铁观音散发出“蜜底甜香”，同时夹杂着兰花香、板栗香等香型。武夷岩茶主要有青花香、甜花香、果香三类香型。青花香型主要有兰花香、栀子花香等，甜花香型主要有玉兰花香、桂花香、玫瑰香等，果香型主要有毛桃香、蜜桃香、雪梨香、佛手香、橘子香、菠萝香、桂圆香等。凤凰单丛常有蜜兰香、桂花香、黄栀香、玉兰香、肉桂香等十大花果香；红茶则有甜蜜的花果香特征，如正山小种的桂圆香、祁红的蜜糖兰花香、滇红的焦糖薯香、川红的橘香。事实表明，茶叶的花果香型，是茶的自然天成的物性，也是茶的妙然巧化的塑性，更是人所喜爱的浑然趣性，鲜明地体现着中国制茶工匠的经验与智慧。显然，茶叶的花果香味不只艺术化了茶的滋味、芳香，也深远化了品茶人的味觉、感悟，自然而然地让我们在日常习茶中体悟茶的美好灵气与自然生气，去了解茶树的生长属性和制作工艺，品尝茶汁的甘醇香味。正因如此，我们懂得“依茶择器”，讲究冲泡技艺，追求“茶色悦人”的物我情境，自觉地善美相乐于茶的生活世界，而这些行为无不体现着我们对茶的美好奢望与嗜好。有时我常想，香味也许是茶叶中最美丽、最微妙、多变的东西，也是习茶生活中最自然、平常的味道，赋予茶汁一种流动的玲珑美，让我们“喜好它，惬意地沉浸于它的亲切与温柔之中，让意识在它的允诺下得到缓慢的消解或舒展”[4]。

### 三、花茶香爱

花茶，即在茶叶中加各种香花而制成的一种混合香型茶。通常，这类花茶以绿茶、红茶、乌龙茶茶坯和可食用的气味芳香的鲜花为原料，用窨制工艺制成，如茉莉花茶、桂花茶、玫瑰花茶、栀子花茶。花茶是经“茶坯复火，鲜花打底，熏制拼合，通花散热，起花、复火”等工艺制成的香气芬芳的保健养生茶，是茶疗养生的美物,备受人们喜爱。花茶是我国独具特色的生活用茶之一,不仅体现出人们对迷人香气的眷恋与爱意,还给日常生活一种惬意的浪漫、幸福与快乐,同时也有养生保健的功能。

饮茶之事,人皆爱之,人皆美之。当下繁杂、忙碌的都市生活,减少了人们的闲情逸致。而随意地冲泡一杯清茶,便能让我们感受到生活的惬意,让我们自觉地在快节奏的都市生活中慢下来。花茶滋味芳香,方便品饮,顺理成章地成了众人喜爱的美物。换个角度来看,我们的生活只有经过适当的调剂,才能使享茶的生活美持久沁人,使我们积极向上,乐观有趣,不流于生活表面的玩味与幻化。正是老少皆宜、纯真浓郁的花茶香味,使"雅俗美乐"的心灵趣味渐老渐熟。譬如,茉莉花茶,香气浓郁,口感纯正,人饮用之后仿佛能感受到"漫步于春天的生活气息"。茉莉花茶是难得的品饮佳品。品质较好的茉莉花茶,干茶条索紧细匀整,白毛披覆,芽壮毫挺。冲泡后,色泽润黄、油亮,香气清纯、持久,滋味醇厚、鲜爽。

## 四、水色浮光

茶叶的色泽是由色变、光泽度构成的,其颜色的深浅程度即为色度,光线折射后茶叶呈现出的亮暗程度即为光泽度。自然的绿叶嫩芽经加工后形成不同色泽的干茶条形与油润亮度,因此呈现出不同的干茶、茶汁、叶底色彩。茶叶经冲泡后,因发酵程度不同,茶汤水色千差万别。在某种意义上,品茶不仅贵在闻香,也重在观色,如此才会让人赏心悦目。其实,茶之美物更多来自我们直观的视觉审美感受,"当你看到某样东西,你觉得美,于是你怀着审美的眼光注视它"[5]。

有时,一片片黑乎乎的茶叶,被热水冲泡后,却溢出艳如琥珀的水色,变成了一种光怪陆离的奇妙之物,并创造出五光十色的斑斓世界,自然也昭示着喝茶者的生气体验与生命体悟——渐向物我相融的情境与美境。事实上,干茶的色泽由葱绿向褐黑的渐渐变化,就已呈现了茶汁水色由淡绿向浓红的颜色变化。青、绿茶翠黄清澈,红、黄茶艳如琥珀,黑茶红褐浓厚,它们一起构成了"赏心悦色"之美,也是我们习茶喜好与嗜念的重要体现。茶汁在光的折射下更加魅力无穷,五光十色,或许正如克里斯平·萨特韦尔在《当代学术棱镜译丛:美的六种命名》一书中所言:"美的事物可以说首先是那些浸透在光里的东西。”[6]

首先，清水碧翠。茶汤颜色受茶树品种、生长环境及鲜叶的老嫩程度、加工方法等影响，不同种类的茶自然会有不同的汤色。或许，最美的颜色莫过于自然色。显然，中国人喜好茶汁的“清水碧翠”之美，不仅源于中国人喜好茶汤的颜观幻化，喜欢赏茶生活所带来的一种悦色情境，也源于“清茶远韵”的习茶特性，更源于中国人对清新幽远的自然世界的亲近。譬如，绿茶汤色绿中带黄，黄茶汤色黄中带绿，青茶汤色青绿中带橙色，白茶汤色淡青中带黄色，瓜片茶水青绿、明澈，毛峰茶水清碧、微黄，碧螺春茶水澄澈、碧绿，云雾茶水葱翠、鲜明，眉茶汤色黄绿、清澈，蒙顶甘露汤色黄绿、青翠。翠青、黄绿、橙黄……种种色泽在浓淡、深浅中变化无穷，使茶色富有清鲜、清悦、清远之美意。当然，此类茶汤水色的明暗程度与茶叶的浸泡时间息息相关，浸泡时间越短，茶汤越青翠恬淡；浸泡时间越长，茶汤越碧绿浓艳。与此同时，因为茶汤中的多酚类物质与空气接触后容易氧化变色，放置时间稍长，茶色也易变暗。（图1－12）

图1－12　庐山云雾茶

其次，琥珀浮光。在光线的照射下，偏冷的翠青绿黄色调会让人内心宁静，而偏暖的色调如金黄、橙红则会让人感觉温暖，更易使人沉浸于幻化的浮光水色。通常，红茶因全发酵造成所含茶多酚物质氧化，渐变成乌黑油润的红褐色茶叶。经冲泡后，汤色红艳明亮，似琥珀般剔透、莹润。其实，红茶汤色的黄亮、褐红的深浅变化，与茶叶中的茶黄素和茶红素的氧化聚合有关，若前者多些，汤色橙黄泛红，明亮、澄澈；若后者多些，汤色深红泛褐，浓郁、莹润。譬如，小种红茶汤色橙黄透亮，祁红汤色红艳明亮，滇红汤色红黄明亮，红碎茶汤色红浓（或乌黑），黄茶汤色黄中微泛红，乌龙茶汤色橙黄中微泛红或者橘黄中略带红色。当然，茶叶存放越久，受空气的氧化时间就越长，茶叶就会形成渐浓渐暗的颜色。（图1-13）

图1-13　茶汤水色艳如琥珀

事实上，茶色虽体现在细微之处，却总能牢牢地抓住人的注意力，因它的橙黄、微红等色彩，既美艳又深邃，且似乎令人感到亲近，充满柔情，自然会让人产生爱意盎然的感觉。特别是在光线的照射下，茶汁水色越发晶莹透亮、红艳闪黄，呈现出若隐若现的浮光之美，“美是由美好事物射放出来的东西，就像光一样。事物之美取决于它所释放出的东西”[7]。最终，茶色的种种浮光幻境，成为一种超乎信仰的美和信念，焕发出无限的光芒，且让我们沉浸于自然本性与自我表达的圆满快乐中，也支撑着众人的习茶观念与行为。原来，“我们有能力在不经意间受到感动，在最意想不到之处发现最伟大的美”[8]。

## 第三节　甘味津人

茶之美物，起于“味”的滋生——茶味滋养人，后人化至“味外之味”——感受滋味，从而衍生了人对茶美的体验与体悟。在某种意义上来说，这种生活美的体验与体悟，关键在于茶的滋味导养了人的一种感知事趣，实现由物化至人化的审美超越——茶的“自然口味”至“文化口味”的高级化、美学化、哲理化。换个角度来看，“民族体质的构造和发展，本来就是特定自然条件（包括饮食生存条件）长期塑造的结果”[9]，那么茶的滋味就是民族塑造的口味，从而形成了某种习性模式与审美方式，并成为一种味觉的嗜好与味美的体悟，且体现出多味性、综合性。其实，茶就是“味”的物化和“美”的人化。我们要去体验、去感受，才能善美、微悟“甘味津人”的滋味与美意。实质上，茶的滋味就是人的生理快感与精神愉悦感的复合感觉衍生出的“津醇”与“甘甜”的美味。中国人对茶的“至味”真美理解得非常透彻，相继细化、精微了茶的滋味美生，极大地丰富了茶味的“感”度与“悟”理。

一方面，甘醇清爽。茶叶所含物质丰富，冲泡后自然会形成很多可溶性成分，入口即给人的味觉一种刺激感与收敛感，由内至外呈现出滋味的若干变化。显然，这种滋味的微妙变化与茶叶的品种类型、老嫩程度、制作工艺、存放时间、冲泡方式等因素息息相关。通常，滋味的甘醇表现为茶味较浓，回味清爽，口感柔和、绵长。譬如，汤色深、香气浓的茶，味道比较浓郁、纯厚，如乌龙茶、红茶，味道香醇柔顺；汤色淡、香气淡的茶，味道比较清淡、纯柔，如绿茶、黄茶、白茶，味道甘甜清爽。俗话说“饮茶要新，喝酒要陈”，对于大部分茶叶品种来讲，新茶的口感确实要比陈茶的口感好。特别是以嫩芽嫩叶制成的绿茶、黄茶、红茶、乌龙茶等，其滋味美在茶香浓郁、清鲜甘甜。

另一方面，味涩津和。茶汤有甘醇的甜味，也有微涩的苦味，这是茶的自然属性与天然美味。同时，茶的品质差异也影响着茶汤的滋味。按常理说，茶汤入口微苦，有涩感，但回味甘甜，生津滑顺，这类茶自然是品质好的茶。涩味给人以麻嘴、紧舌之感，但入口有涩感而后涩感消失，属于正常茶汤的滋味特点。如用云南晒青制成的生普洱茶，香气浓厚，汤色翠青泛黄，青涩微苦。无论是古树茶叶还是新丛茶叶，都有这样的特点——大部分新茶涩味重，老茶涩味轻。当然，有的茶树品种不同，其茶叶涩味略有差异。我品尝过树龄为 800 年左右的老曼峨，干茶条形较修长，色泽黑绿带青，汤色淡绿泛黄。头几冲茶汤，入口苦涩无比，但后几冲茶汤，涩感渐弱，甘甜的津味渐强，我深深地感受到“苦来甘甜”的滋味。实质上，“仁者见仁，智者见智”，这句话同样可以用来解释茶的滋味各异的原因。如生普洱茶，在空气与湿度条件恰好的自然氧化过程中，在无霉变、无杂味的条件下，存放时间越久，口味越佳，因为在这种条件下，经过不断地自然发酵，碱性的物质成分转化为更多酸性的物质成分，所以青味渐少，涩味渐弱，甘醇的味道渐强。

可见，茶的滋味既是一种物质溶解过程，又是一个味觉感受过程。在自然纯粹的物化过程中，茶汤又孕生着人们津津乐道的味儿，有苦涩，有津甜，还有回味趣生。茶的滋味蕴含着一种飘忽不定的物质，品茶其实品的是一种意境，它让人们体悟到美物的生命奥妙，从而使“人们能找到轻松自在的感觉，回到宁静和单纯，恢复对事物的感知”[10]。

我们的生活丰富多彩，我们“极尽美好而毫无秽垢的人生是努力得来的，只有舍弃很多言过其实的俗常，人生方可自由、幸福与饱满”[11]。每个人都有某种品茶习性，不断在日常生活中进行实践，释放趣味，有心地去玩味与思考日常的“茶颜器式”，感受茶的意味，善待茶的滋味美生。当然，茶，作为一种美物，味觉化人心。随着人们习茶时间渐长，其味、色、香越发让人留恋。久而久之，我们日常生活中的习茶活动渐熟渐美，隐显于饮茶人的“茶颜器式”的形式世界。茶为美之物，由物的感化至人的美化之渐进律则化，形成了渐老渐熟的生活美。从另一个角度来看，这种生活美时不时地反哺着人们平日里“依茶择器”的沏茶与品茶之习性，并通过“茶颜器式”的秩序形式与仪式内容来外化出自我习茶的样式特点，久而久之，便自然形成了自己独特的风格。可见，随着茶事生活的日积月累，习茶之性，不仅丰富了茶之性，也滋养了人之性，更个性化了日常的品茶方式与喜好样式。习茶让我们的生活方式更加丰富，而我们因为习茶走向了“物趣美生”的玩味世界。

**注释：**

[1][美]罗伯特·亨利.艺术的精神[M].张心童,译.杭州:浙江人民美术出版社,2018:89.

[2][法]克里斯托夫·安德烈.幸福的艺术:品位幸福的25课[M].司徒双,完永祥,司徒完满,译.北京:生活·读书·新知三联书店,2008:19.

[3][美]罗伯特·亨利.艺术的精神[M].张心童,译.杭州:浙江人民美术出版社,2018:189.

[4][美]克里斯平·萨特韦尔.当代学术棱镜译丛:美的六种命名[M].郑从容,译.南京:南京大学出版社,2017:33.

[5][美]罗伯特·亨利.艺术的精神[M].张心童,译.杭州:浙江人民美术出版社,2018:99.

[6][美]罗伯特·亨利.艺术的精神[M].张心童,译.杭州:浙江人民美术出版社,2018:93.

[7][美]罗伯特·亨利.艺术的精神[M].张心童,译.杭州:浙江人民美术出版社,2018:27.

[8][美]罗伯特·亨利.艺术的精神[M].张心童,译.杭州:浙江人民美术出版社,2018:134.

[9]梁一儒,户晓辉,宫承波.中国人审美心理研究[M].济南:山东人民出版社,2002:143.

[10][美]克里斯平·萨特韦尔.当代学术棱镜译丛:美的六种命名[M].郑从容,译.南京:南京大学出版社,2019:132.

[11][美]罗伯特·亨利.艺术的精神[M].张心童,译.杭州:浙江人民美术出版社,2018:187.

# 第二章　沏茶之器

不同的文化结构呈现不同的生活方式，自然也呈现出不同的器物文化。而中国的日常生活文化，从某个层面来看，常与器物相伴而生，形成了博大精深的物质文化。而茶器不仅反映了饮茶方式的特点，也反映了民族工艺的特色。俗话说，水为茶之母，器为茶之父。显然，日常的茶事生活，基本由茶叶、茶器、茶水三大部分构成。茗茶的茶性各异，因而形成多样化的沏茶方式，从而形成了大同小异的茶器。茶器的样式特点与美趣风格的丰富多样，体现了中国习茶方式与器皿样式的和谐美。

显而易见，饮茶历史的文化属性与地域属性，决定了中国的饮茶习俗各异，茶叶的冲泡方式自然也不同，因此相应地形成了不同样式、大小的茶具器皿。事实上，中国茶文化发展至今，不仅丰富了茶器的样式，也赋予了茶器更多的实用性与美观性。换一个角度来看，饮茶文化精善了茶器工艺之美，也精美了茶具器制之用，充分体现了中国“物尽其用”的思想和“至善至美”的观念，从而形成了具有民族特色的器物世界。茶器的工艺样式直观地反映了中国的正统文化和国民的生活方式，也鲜明地反映了民众嗜好的趣式。通过深深地扎根于生活与美的器物世界，来善美化生活的意义和生命的活力，并延续着器物文化的时空叙事与时代文心。

## 第一节　茶壶：容纳百味

壶，作为沏茶器皿，起源于唐、宋时期的执壶，成熟于明代。其实，在明代以前，壶基本上作为盛酒器或者盛水器。明朝时期，制茶工艺迥异于唐、宋，唐朝流行煎茶，宋朝盛行点茶，到了明朝则时兴泡茶，由此顺理成章地推动了茶壶器具的发展。时至今日，这种泡茶方式在中国人家中仍然常见。泡茶已成为中国人的生活范式。茶壶因此成为日常沏茶的重要器皿之一，甚至成为大众玩味的喜好之物。目前,生活中常见、常用的茶壶造型,有工夫茶壶、煮茶壶、大茶壶。工夫茶壶又分为六种——正把、倒把、侧把、握把、提梁及飞天式茶壶。从材质上讲,茶壶主要分为无釉的陶壶和有釉的瓷壶。(图2-1)

图2-1　影青提梁壶　苗磊制

首先,冲泡讲究融和性。茶叶需要装在容器内,经过热水的片刻冲泡,才会溢香呈色。可见,茶的自然味性、色泽、香气,关键在于冲泡的技巧以及器具的择取。同时,壶器要易冲泡,保温性能好,以保证浸泡后的茶叶分布均匀,香气浓郁,色泽纯厚。壶器的宽容性较大,可沏泡各类茗茶,不管是绿茶、红茶、白茶、乌龙茶、黑茶还是花茶,壶器都可以冲泡出它们的味、香、色。目前,生活中常见的茶器,按制作材料,可分为陶壶、瓷壶、玻璃壶、金属壶;按沏茶功能,可分为泡茶壶、煮茶壶。结合中国茶器的人文历史与个人研学的专业背景,我将论述重点放在陶瓷器物上,而忽略其他材料工艺制作的器物。近些年,随着陶瓷材料技术的提高,釉面、坯体因热胀冷缩而产生的问题得到了解决,茶壶已发展成为具有冲、泡、煮多种沏茶方式的茶器。壶,作为煮茶器具,不仅延续了中国农耕文明时代遗留下来的饮茶方式,也唤起了中国乡土记忆的叙事物式,还丰富了茶叶的自然醇香味道。特别是在南方湿冷的冬季,我个人特别喜欢用陶壶煮白茶,闻着慢慢溢出的香味,观看壶盖边沿冒出的缕缕热气,等待茶水煮开入味。茶水煮开之后,倒入茶碗里,色泽纯净,暖意浓浓。慢慢品饮,身心自然而然地暖和多了。

其次,茶器的选用讲究实用的功能性。饮茶这一生活方式,不仅使得茶器制作工艺不断完善,也最大化地体现器物的实用性。显然,正因壶具有很强的实用性,才成为饮茶人喜爱择取的茶器。事实上,壶,作为最常用的茶器,正因为具有实用功能,才持久、耐用、利人,才美得实在,具有亲和力。无论冲茶壶、泡茶壶还是煮茶壶,都是因为实用,才受人欢迎。换言之,茶壶"由'用'出发的美可以联想到其他的意义,只有典型的美才是纯粹的美,这样的器物之美开始被认为是高贵的"[1]。茶壶的实用性,常表现为沏茶时操作简单,泡茶时安全稳定,倒茶时出水流畅等功能属性。假如它只有纯粹玲珑的造型、精工细美的装饰和漂亮妍丽的釉色,而少有冲泡便捷、重心稳定、拿取舒适、出水良好的功能,那它只是用作观赏玩味之器物,就失去了茶壶为"用"而生的意义。事实上,现在很多茶壶创作者,一味地追求个人标签,有意地强化泥土的自然肌理与形态的随性变形,或者通过改变泥片的褶皱纹理,对坯体进行挤压等方式,来打破传统形制方圆对称、轮廓光滑、质地平整等特征,却未考虑壶的实用功能。这样的茶壶虽然有新奇、美丽的外表,但缺少一种健实、用美的律则。(图2－2)

图2－2　生肖陶壶　刘世平制

再次,茶壶还应具有简化的方便性。"'用'即意味着为生活服务"[2],茶壶贵在"致用利人"。壶由壶身、壶嘴、壶盖、壶把这些形态构件组合而成。一方面，茶壶简化了茶叶的冲泡程序，方便人们饮茶。只要打开壶盖，放入茶叶，注入沸水，合上壶盖，即完成冲泡，随后沏茶饮之。另一方面，大多数茶壶具有良好的保温性能和安全性能，拿取方便，使用便捷，无论男女、老少都懂得如何操作与熟练使用，茶壶因此成为家喻户晓的寻常茶器。现代茶壶的器制造型丰富多样，但是茶桌上仍有茶壶不方便使用。譬如壶盖过小，不易清除壶内茶叶；壶把附饰过多的东西，造型奇异夸张，雕琢过度，不便于手指捏握拿取；提梁过高，侧把过长，壶嘴过短、过小，不方便人沏茶。难能可贵的是，近几年茶壶的出水流畅性得到大大改善，壶嘴与壶身之间的粘接留孔方式，从传统的沿壁平孔转向现代的凹面球孔，增强了壶内茶水向外流的水压，自然而然地提升了壶嘴出水的流畅性，水流呈优美的弧线。在冲泡茶叶时和倒茶时，这种留孔方式减小了茶叶堵孔的概率，也易于清除滞留在孔眼内的茶叶。（图 2－3）

图 2－3　苏打烧壶　张琨制

最后，茶壶的选用还应考虑赏玩的趣味性。善美相乐的文化观念，不仅让中国人的饮茶生活走向物化的趣式和人化的味式，还体现了雅俗相生的生活信念与玩味嗜好。在某种意义上，茶壶的实用性简化了人们的饮茶方式，也增强了人们品茶的趣味性，自然地深化、精微了某种生活物式的叙事记忆，从而产生了物趣悦性的赏玩方式。换句话说，对茶的玩味也自觉化了对壶的赏玩，才有茶俗中“养壶”这一生活趣事。明代文人倡导用小壶沏茶，自斟自饮。自此之后，品茶人渐渐养成了盘壶、养壶的习惯，这一习惯延续至今。其实，“养壶”，就是我们日常沏茶时经常使用茶壶，茶壶才会成为“好壶”。尤其是紫砂壶，它的材质特性决定了它本身具有吸水性和渗透性。常常用它，茶水自然会润泽壶体，使干涩的质地富有光泽；反之，不常用它，壶体没有茶水的滋润，泥质干涩，便少了温润的浮光。事实表明，好壶需要人养，更需要人在日常生活中精心打理。经过茶汁的浸染以及茶布的擦拭，它便自然而然地变得光洁、亮丽，才真正意义上体现物性与人性的物我化合之妙趣，这也是叙事化品茶的生活记忆。或许这样赏玩具有某种美的象征意义，茶壶从实用器皿变成赏玩的物件后，我们便会自觉地倍加珍视它。譬如，生活中很多用壶沏茶的喝茶者，会有意识地对茶壶制作者的身份进行标签化，茶壶被塑造成崇拜的对象。它可能有些实用性缺陷，但艺术化了美的圆满，因此它仍会成为主人的一种“美物”的叙事象征与玩味物件。从某种意义上说，茶壶代表着中国茶文化的某种器式风趣与特色。（图 2－4）

图 2－4　葵菱紫砂壶　郭莉萍制

此外，茶壶还具有文化的寓意性。壶是茶事生活中的重要器制样式，也是具有中国特色的重要器式。从某种层面来说，它蕴含了更多的文化寓意与象生观念。在中国传统习俗文化中，壶与“福”谐音，被自觉地隐喻为一种寓意生活幸福美好的物趣象生。人们于是将壶的器制、形、色、饰与其象征寓意结合起来，制作出各种样式、风格的茶壶。一方面，从器制造型来看，茶壶的样式特点融入了浓厚的象生观念。人们采用仿生手法创制出各类壶型，如瓜菱壶、竹节壶、梅桩壶、合菊壶、莲心壶、百果壶。也有用意象手法创制的抽象类壶型，如汉方壶、葵菱壶、西施壶、石瓢壶、曼生壶、梨球壶、圆灯壶。人们赋予了茶壶丰富、文化象征寓意，同时丰富又细化了茶壶创制的文心美趣，茶壶被我们人化为“美与意”的功能化象征之器物。另外，从壶体的装饰来看，有的壶身、壶盖部位用青花或彩绘装饰出传统龙凤纹、缠枝宝相花纹、如意纹、回纹等吉祥纹样，有的壶体画、刻着梅、兰、竹、菊、荷花、松石、高仕、鱼虾等吉祥图案，也有壶体正面刻、写着上“茶禅一味”“知足常乐”“难得糊涂”“吉祥纳福”等吉语或诗句，体现了浓厚的生活寓意和象征意义，也反映出茶壶主人的生活信念与美学情境。可见，正是集美的实用与玩赏、文心与信仰之大成的茶壶，善美了茶事生活，写意了茶生活“物我两忘”的玩味想象，隐喻了“物可以变成人，人也可变成物”[3]的情趣化境，也体现出寄物移情的茶壶象生观念与茶壶主人的生活理想。(图2－5)

图2－5　瓜菱紫砂壶　陈昌制

当然，随着社会文明的演进，农耕时期的某些茶器形制发生了变化。譬如，大壶容量大，茶水多，方便主人待客、饮茶。事实上，在明太祖朱元璋废除团茶进贡制度而改为进贡散茶时，大壶就应运而生了，后逐渐兴起，流行于平民百姓家庭和饭馆餐桌。当下机械化耕作已替代人工作业，我们自然远离了那段忙于农活，体力消耗极大，却最幸福快乐的时光：每当我们迎着初升的太阳下地干活时，母亲就会用景德镇生产制造的大壶沏好茶，放在八仙桌上凉着。忙完农活回到家时，我们从壶中倒一大碗茶，一饮而尽，既解暑又解渴。这种大壶沏制的粗茶，简单、质朴，甚至有点儿苦涩，虽没有当下所饮的茶那么讲究"色、香、味"，但是有降火利尿、解渴除烦的功效。如今，母亲沏的大壶粗茶仍让我记忆犹新。直到现在，用大壶沏茶，依然是中国部分饭馆待客的一种礼仪方式，寻常平实，容纳百味，为人们津津乐道。

## 第二节　盖碗：茶香缥缈

盖碗，是日常生活中沏茶的重要茶具，流行于康熙时期。因饮茶习惯的普及，唐代就有了专用盏，配以盏托，并沿袭至宋、元时期。例如，唐代越窑莲花茶盏，由茶盏与底托两部分组成，不仅体现了器美的仪式感，还突出了器用的功能性。底托可防止茶盏烫手，有利于固定茶盏，防止茶盏滑动、摇晃，也方便饮茶者托取、拿放茶盏，具有平衡稳定性与安全性，以至唐代茶盏对宋代茶盏的器物样式产生了深远的影响。在某种层面来看，盖碗深受茶盏的影响，同样具有沏茶的功能。人们在此器型的基础上进行改良，从而制作出饮茶器皿。事实上，器物直接与人的身体部位相触碰，具有和谐舒适、经久耐用的生活使用性与利人性，即实现了生活方式的器用习性与人机功能关系的结合。传统盏形为"器样"的模本，而泡茶为"器式"的实用功能，瓷器工匠在保证实用性的前提下，不断探索，终于别出心裁地创制出"一盏、一盖、一托"的三合一茶盏，后称之为盖碗，改变了饮茶文化的享用趣味与仪式姿态。通常，盖碗由碗身、碗托、碗盖三部分组成，俗称"三才碗"。所谓"三才"，指天、地、人的象征意义，碗盖在上面，代表"天"；碗托在下面，代表"地"；碗身居于中间，代表"人"，也就是盖碗被象生化了。茶历来被视为"天涵之，地载之，人育之"的灵物，而盖碗又被称为"三才合一"的器物，因此它们共同化育出"茶美器生"的"天地人和"精神。（图2－6）

图2－6 清道光寿喜纹粉彩茶碗 王育林私藏

相对于茶盏来说，盖碗碗身有盖，既增加了茶碗的保温性，使之更好地浸泡出茶叶的味性与汁色，又可使茶碗保持清洁，可防止尘埃落入杯中。品饮时，饮茶人一手托碗，一手持盖，用茶盖缓缓拂动漂在茶汤上的茶叶，静静地享受喝茶的情趣。正如成都茶馆里的人们忙里偷闲，他们习惯半日喝一碗盖碗茶，感受饮茶的惬意。盖碗茶，一人一碗，承载着泡茶、饮茶的双重实用功能。其优点，一是器型上大下小，收肩卷口，注水方便，易于茶叶沉于碗底，再添水时易使茶叶翻滚，易于泡出茶汁味香；二是碗内肩上隆起的茶盖盖沿小于盖碗口径，不易滑跌，便于凝聚茶香，还可用来遮挡茶沫，使茶沫不沾唇；三是有了茶托可防止茶水烫手，方便拿取，不易让茶汁弄湿衣服，并善美了沏茶敬客的礼仪；四是盖碗作为饮具，保温性好，避免茶凉味涩。显然，盖碗不仅使饮茶更方便、实用，还美化了茶汤的慢味惬意，甚至赋予了茶清香雅韵。正是盖碗茶的芳香，让鲁迅先生感受到了“茶味韵美”，才会有《喝茶》一文：“喝好茶，是要用盖碗的。于是用盖碗。果然，泡了之后，色清而味甘，微香而小苦，确是好茶叶。”（图2－7）

图2-7　描金银杏叶盖碗　许润辉制

如今,盖碗已成为沏茶、泡茶的器具,先把冲泡好的茶水倒入公道杯,再分入客人的茶杯中。第一冲茶用于洗尘冲杯,第二冲茶才开始被人饮用。盖碗可容纳、沏泡不同类型的发酵茶,能够充分地释放各种茶味、芳香,细化了茶性特征。沏茶者用盖碗沏茶较容易掌握茶叶的浸泡时间,可以让人品第二道及之后的几道茶时感觉基本一致。茶香津味缓缓滋生,让我们久久沉浸于缕缕茶香、津津茶味。尤其是武夷山岩茶、潮汕单丛茶,均讲究习茶时"热冲速沏",以品茶的"芳香津味"。人们对盖碗茶情有独钟,因它便于碗中留香,茶香不绝;因它便于品茶闻香,茶韵悠扬。显而易见,盖碗具有沏茶的功能,其底托的功能后来慢慢退化,盖碗渐渐演变成由盖和碗两部分组成的器型。换个角度来讲,盖碗的底托因为玩味方式不同,尺寸变得更大了,材质更加丰富,有竹制的、木制的、石制的、陶制的、藤编的,生成了方、圆、厚、薄的有趣形态,艺术化了茶桌铺设茶器的美意,突显出盖碗的小巧精美。

用盖碗沏茶,使空气中飘逸着茶叶的芳香,也蕴含着器制的律则。可见,盖碗的沏茶用式与趣式,决定了其形制变化的大同小异,并要求手以“爪形”捏握、抓取,即维持“拇指与中指捏抓碗口,食指扣盖足”的和谐一致关系。碗口往外卷边,以防止导热过快,避免口沿烫手。事实上,盖碗造型看似简练、利索、卷口,实则体现“精巧、微妙、变化”的功用关系。譬如,有些盖碗的形态器制,在传统造型的基础上,减弱“S”形的起伏,强化敛口收肩,加长碗身高度。其造型虽更干练、秀气,但沏茶时更易烫手,只能慢冲慢倒,这样会导致茶汁过浓过涩。还有些盖碗卷口直径过大,胎体釉面过厚,器体过重。相对于薄胎薄釉盖碗来说,这种盖碗碗口导热快且余热久留,不利于手指抓取捏拿,更易烫手,自然是不好“用”之器。故盖碗贵在“用”之精美,贵在便于茶人沏茶。茶器制作工匠以便于茶人泡茶为出发点对器制进行改良,对器型的比例大小、胎体厚薄、卷口鼓腹、凹凸曲弧进行调整,达到“致用利人”的目的。在合适的部位绘饰流彩,则表现出“物趣意美”的审美喜好样式,且充分地体现盖碗“实用”与“美观”的“天地之和”以及“器道合一”精神。(图2-8)

图2-8　拾玉汝釉盖碗　徐向东制

## 第三节　茶杯:尽用溢彩

茶杯,是我们日常饮茶的重要器具之一,也是饮茶过程中与我们的嘴唇接触频率最高的茶器物件。它小巧玲珑、一目了然,默默地等待人使用与触摸,尽显“用”之美、“美”之生。通常,茶杯按器制容量大小来分类,有小杯、中杯、大杯。小杯指工夫茶杯类型,大杯指有盖和把手的茶杯类型,中杯指无把手的茶杯类型,中杯在茶桌上较常见。显而易见,中杯是人们最常用的陶瓷杯具,不仅体现出我国窑口的工艺文化特色,也反映出地方工艺对器皿样式的偏好。

### 一、色釉杯

色釉杯纯净素雅。唐代陆羽在《茶经》中说:“邢瓷白而茶色丹,越瓷青而茶色绿。”这句话阐明了茶汤色泽与瓷器釉色的比较关系,从哲学角度与品鉴茶色的角度咏赞、美趣了陶瓷釉色之美。陆羽的观点深深地影响着后世的瓷制茶具美学。正是这种品饮茶汤的方式,使唐宋“秘色瓷”之美生活化、诗意化,如诗人陆龟蒙用“千峰翠色”,徐夤则用“明月”“薄冰”“嫩荷”等自然景物来拟状“秘色瓷”的釉色之美,宋代出现了天青、月白、豆青、粉青等色,自觉地幻化、善美了瓷器釉色的玩味与喜好。唐代文人士大夫阶层推崇青瓷和白瓷茶具,崇尚端庄洗练的造型与晶莹纯净的釉色,不喜欢繁缛的刻画装饰,追求在“庄禅圣境”下品茶咏瓷。可见,自然界的美色,升华了美的幻想奇趣与物的比附寄情,某种意义上,也开掘了茶汤的颜观悦色与茶器的清净釉色,自然而然地建构了一种“美茶雅器”的唯美趣境,并隐现出一种器物文化——“雅美”的瓷器釉色文化,深深地影响着民众的审美趣味与生活方式,反哺日常“茶颜器式”的物化趣式。(图2-9)

如今,茶杯釉色材质绚丽多彩,其美在“俗”的艳媚与“雅”的纯净互衬相生,有的釉色艳丽夺目,有的釉色万彩杂生,有的釉色青白素净。正如日本学者柳宗悦在《工艺文化译丛:工艺之道》中所言:“茶人从美的角度品味器物。那只是鉴赏的深度,而不是认识的深度。处在意识时代的我们在看到美的同时,也看到了何为美的真谛,因而想起了产生美的规律。”[4]一千多年来,我们已积累了丰富多彩的器物创制、烧造技艺,成功地掌握了其形、色的“美趣横生”与“致用

图2－9　耀州窑刻瓷杯　刘谦制

利人”的关系，形成了“雅俗相生”“至善至美”的文心艺脉，从而不由自主地沉浸于美的工艺样式，追求“茗茶之色与瓷釉之色”的茶事玩味。早在一千多年前，陆羽就在品茶赏瓷的生活趣事中美化了釉色——“冰肌玉骨”“如银似雪”，升华了瓷器釉色的美学精神，使我们沉浸于“茶的泽色与器的釉色”。在某种意义上来说，茶杯奠定了“瓷的自然釉色与美的精神比附”的外化象征基础，并成为我国陶瓷之美的高贵象征。因此，釉色瓷器的烧造，历来不惜工本代价，凝聚着众多能工巧匠的心血。工匠们创制出各种釉色瓷器，来满足人们的审美需求与高贵的喜好。（图2－10）

图2－10　拾玉蓝釉杯　徐向东制

诚然,一种美的嗜好,自觉地滋养着民众的审美玩味,并自然地滋生雅俗相生的文心。反过来看,正是雅的趣味和俗的趣味催生了茶杯丰富的釉色,使艺术生活化、大众化,形成了“浓淡、艳丽”的美与趣,真正亲和了茶事生活的“怡情悦性”之美。其实,茶杯内、外釉色,釉面的色相、明度等方面保持“适度”的对比与平衡,它自然会显现幽雅之美。譬如,茶杯的内色常用青白釉色,不仅使茶杯看起来干净、清纯,突显了茶汤水色,而且能更好地与杯外的各种釉色搭配,形成适度的对比。这样,整只茶杯便艳丽柔和、浓淡协调,自然显出妍丽、纯净、细腻之美。从另一角度来看,口沿卷起,敛肩收腰,鼓腹圈足等形态,影响着茶杯轮廓的饱满度与线条的流畅感。好的杯形造型简练、流畅,富有形态美。可见,优美的造型与净美的釉面才能完美地体现茶杯之美。(图 2－11)

图 2－11 黑釉茶杯 白明教授作

事实上,众多创制茶杯的工匠,更多地侧重于釉色烧制的千变万化,不重视造型的凹凸起伏,易沉迷于“彩”——釉色装饰,而弱化“形”——造型器制,犯下重“外表”(色)而轻“内在”(形)的错误,如此器物自然粗庸、媚俗。近十年来,陶瓷茶器的形、色、质等整体上从粗放型向精细型改进与提升,茶器的样式得以细化,品种丰富多样。部分茶杯釉色晶莹亮丽,但形态粗笨,比例不协调。好的茶杯在器制造型的实用性与稳定性方面,以及人体工学的舒适度方面,都应保证“致用利人”。譬如,有些茶杯瘦长纤细,卷足短小,易倾斜、侧倒;有些茶杯形态饱满、圆滑，敛口太多，饮茶时易余留茶水；花瓣形、葵菱形、折边形等异形口沿类茶杯，形态层次丰富，结构凹凸复杂，不适宜嘴唇触碰。由此看出，茶杯的实用性不仅保障了美的性质，也健实了美的意义，在茶杯的“形制与色饰”之间寻求平衡。

近些年特别盛行柴烧茶器，因为它的色泽变化自然，颜色层次丰富。松木燃烧过程中所形成的木灰、松油，在火的气流下沉积于泥胎表面，产生色泽对比变化的“亚光与有光”釉质感，流露出火烧的自然痕迹与偶然天成的釉色，充分地体现了火铸万色的素朴、自然之美。柴烧茶器渐渐成为某些文艺群体“爱不释手”的喝茶用器。在某种意义上，柴烧茶杯弱化了人为的布局着色，显现厚重的色泽、柔和的质感、自然的痕迹之美。当柴烧茶杯成为一种流行的工艺品时，众多个体陶瓷作坊搭建柴窑跟风烧制柴烧茶杯，必然打上“消费功利美学”的文化烙印，弱化中国“文心”的陶瓷工艺思想。恰如流行歌曲一样短暂流行，它只会暂时停留在茶桌上，来叙说“木柴与火焰”的偶然天成之美。其实，从品茶观色的角度来看，这种柴烧茶杯内、外为火石赫红，与茶汤水色相似，两者难以辨别，故这种茶杯不方便人们享茶、观色。

## 二、绘饰杯

绘饰杯媚丽华贵。罗伯特·亨利在《艺术的精神》一书中曾说：“乡野习气之人，无论你把他放到哪儿，他的为人处事也是家乡做派。”[5] 此话表明社会习性会深深地影响民族生活趣味的某种习气。或许对装饰的喜好就是民族习气的表现之一，而装饰是中国文化的重要部分，也是反映民族审美的重要特性。从彩陶的彩绘、土陶的印纹、青瓷的刻花、长沙窑的褐绘、磁州窑的铁绘、元代的青花、明清瓷的彩饰等历代陶瓷窑口的风格特点可以看出，中国陶瓷发展史就是一部装饰工艺文化史。换句话说，形形色色的器物装饰，不仅体现出我们的理想主义精神与浪漫的生活趣味，而且反映出全民工艺文化观念的一种习气与嗜好。或许丰富生活器物的欣赏性与玩味性，能够让器物的美不再单调、沉闷，让美流露于器物本身，给予人无限的乐趣与美趣。其实，品茶是“清闲雅兴”的生活方式，也是“饮茶赏器”的玩味趣事，自觉地艺术化生活来导养自己的物趣美意，并赋予了茶杯装饰的生活叙事与理想情趣。另外，图像与符号是直观性记录理想生活方式的有效手段，代表了集体审美表象的特征。装饰集文心“雅俗”、符号“比附”、趣味“善美”的生活写意于一体，茶杯装饰成了寄物移情的一种方式。从传统装饰的角度来看，装饰是体现陶瓷工艺美的一种技艺方式，传承民族性、地域性、特色性的文心艺脉，集成了我们的观念行为与生活趣式，自觉地形成了“不饰不美”的物趣与“精雕细琢”的天趣，并渐渐地影响装饰器物的烧制方式。茶杯现在已成为装饰绘制工艺的玩赏物件。显然，茶杯装饰的主题是美好或幸福，常以“有图必有意，有意必有吉祥”的符号化、程式化、寓意化的文本样式，来绘声绘色地表现民族的审美意趣与生活信仰，并雅俗、善乐于美的种种形式与内容。

首先，有重“纹”的装饰。纹样不仅装饰、美化器物，也信仰、图化器物，凝聚了集体表象样式的某种程式化、象征化、图案化的符号语言，体现出美化功能与装饰意义。在某种意义上，纹样的形态与特点，被自然抽象化为有意味的秩序感与韵律感，具有无穷的生命力和创造力，赋予了美浪漫性和亲和力。换个角度来讲，纹样已成为美的象征与趣味，也成为器制装饰的重要符号语式。正如花草缠枝纹样，盛行于唐代，影响并支撑着后世中国装饰工艺的艺脉。发展至今，它依然是陶瓷装饰的常见纹样。这种纹样可朝四个方向自然缠绕，自由伸展，易铺设、布局各类器物，具有和谐统一的画面感。同时，这种茎枝弯折缠绕各种花草的融合特点，满足了喜好不同花草的人的审美需求，丰富了纹样的趣味性与圆满性，赋予美浪漫性与理想性。或许我们现在已经明白了缠枝纹样仍然以青花、粉彩、金彩、珐琅彩、雕刻等技艺手法装饰茶杯的动因。总有一刻，生活会浮现一物一景：霞光斜照着深木色的茶桌，桌上摆放着几只青花缠枝装饰的茶杯，绰约的光影与冷淡的青花若隐若现，显现出端庄、细腻、优雅之美。当然，龙凤纹、如意纹、回纹、云水纹等吉祥纹样，也常见于茶杯的装饰语式中，寄托着人们对美好生活的向往。（图 2－12）

其次，有喜“画”的装饰。唐代长沙铜官窑、宋代磁州窑和吉州窑釉下彩瓷画所创造出的“绘画味”较足的装饰艺术效果，奠定了瓷器与“绘画”装饰结合的一种工艺样式。成熟于元、明、清的制瓷工艺与绘画艺术结合所产生的瓷器装饰，一直盛行、发展至今，成为中国瓷器绘饰的重要艺术特征。与此同时，受中国文人绘画的影响，绘画工匠注重绘画的描绘性与写实性，自然就会弱化装饰的抽象性与平面性，来强化陶瓷装饰的绘画表现性，从而使瓷画与纸本绘画相

图 2 - 12　青花缠枝莲茶杯　陈伟制

结合。事实上,绘画是艺术化的审美倾向,也是民族性的文心艺脉。无论何种方式、何种器物,都会烙下浓浓的"饰"意与"画"味。或许这种趣味样式与喜好,就是文化情怀与善美信念的集体表征。茶杯绘画的风格样式五花八门,有幽远的山水画,有生动的花鸟,有可爱的牧童,有清逸的兰草、翠竹,有孤傲的松梅,有洁净的香荷,也有游弋的鱼虾,还有富贵的牡丹,等等,它们都反映了绘画工匠对幸福生活的美好向往与希冀。工艺手法有纯净、幽雅的青花,有妍丽、精细的新粉彩,还有清爽、柔和的釉下五彩等,完美地表现了技艺与画趣。当然,"饰简意重"的布局与构图,表现了瓷画者的艺术素养,也反映了其艺术境界的高低。近几年来,景德镇陶瓷茶杯的风格样式有了很大的变化:弱化"通体满画"的布局,转向"留白境生"的设计、"味淡柔和"的赋彩,慢慢地趋向"清纯、素雅、幽远"的画境。(图 2 - 13)

再次,有好"字"的装饰。文字是生活叙事的直观书写标记,也是书写美的一种文化趣事与书法艺术。随着文字在陶瓷装饰中的成熟应用和烧制技术的不断发展,文字的种种样式被自觉地应用于茶杯。常见的茶杯,多用青花写上一行一行细小、工整的楷书字体,流露出优雅、细腻的工艺之美。以长篇类唐诗宋词或者经文类内容来装饰的茶杯,尤其是以青花书写《心经》的茶杯很受茶人

图 2 - 13　综合彩绘杯　王长平作

喜爱，体现“茶趣与心趣”的物我相忘，同时也增强了茶人“净心行善”的信念。从另一层面来看，这种装饰方法不仅顺理成章地守护了汉字书写的陶瓷传统技艺，也雅俗化、善美化日常品茶叙事的生活信念。除了以青花书写文字，有的还在瓷胎釉上描写金字、银字，体现浮华、精贵之气；也有在各种釉面上刀刻文字者，字迹渐隐渐露；更多的是以“诗写与画景”结合的手法来装饰茶杯。（图 2 - 14）

图 2 - 14　紫陶刻字杯　覃福勇制

总而言之，陶瓷茶杯的装饰绘制方式，博采众长，丰富多样。事实上，如果没有“物尽其用”的器制思想，就没有“至善至美”的装饰律则，装饰就变成一种粗俗、平庸的玩味方式，就会杂生出“有饰无美”“有彩无善”的艳媚与奢华。譬如，满纹饰画的珐琅彩茶杯，看似雍容华贵，精工细巧，实则远离了杯具的饮茶功能，更多的是作为观赏玩器，因为这类东西不会让人品茶时静坐冥思，反而杂生浮华欲念，失去了茶杯的功能。

## 三、工夫杯

工夫茶杯，指潮汕工夫茶的饮杯，也可称为茶盅。其特点是小巧、轻薄。一套工夫茶具通常为“一壶三杯”。工夫茶倡导用小壶冲泡、沏茶，茶水的容量自然偏小——一壶茶仅能沏三杯。工夫茶讲究以沸水冲泡，以激发茶香——“烧盅热罐，方能起香”。通常，第一冲茶汤直接淋杯（即烧盅），起到清洗、烫杯的作用。接着，将第二冲茶汤倾入杯中，趁热端起茶杯，嘴唇缓慢、微碰茶杯口沿，闻着扑面而来的茶香，喝完茶汤还要闻一下杯底，品味余香。客人捏杯端茶讲究礼仪姿势：右手拇指和食指端着茶杯的边缘，中指护着杯底，还要收紧无名指和小指，体现文质彬彬之仪态。显然，这种饮茶仪姿与习俗，自觉地形成了茶杯的地域样式与工艺特质，体现其独具审美趣味的器制样式与风格特点，反映出其轻薄、小巧、简练、大方、内敛之美。（图2－15）

图2－15　拾玉工夫茶杯　徐向东制

从某种角度来说，工夫茶杯的形、色、饰与习茶的文化观念息息相关。工夫茶杯造型各种各样，有罗汉杯、铃铛杯、压手杯、马蹄杯、鸡心杯、卧足杯、钟式杯、花神杯、成化杯等，整体上保持干练、简洁、流畅的轮廓形态。如卷口、敛肩、收腰、鼓腹、圈足的杯形，不仅形态优美，便于手指捏握、拿起，还能防止口边烫手，提高嘴唇触碰杯体的舒适感，体现了茶杯与人体工学的完美契合，保持了形态饱满、内敛的韵律感。与此同时，淋杯这一沏茶方式，要求杯体小巧玲珑，胎体轻薄，瓷质细腻，青白纯净，这样有利于聚香观色，透露出清雅、清纯、清新的材质美感。如今，工夫茶杯的造型，大体朝"仿古"的复制型与"汲古"的糅合型发展，前者重在实用的经验性，后者贵在实用的非经验性。与时俱进的创制与求新，使得某种传统器物样式的痕迹与记忆越来越模糊。有些人喜爱在素净杯体的肩下部分进行装饰，常彩绘或者用青花画山水、高仕人物、花鸟、动物生肖、湖石海水等主题内容，丰富了单调、朴素的物态方式，增加了品茶赏器的审美意趣，开掘了一种艺术化生活方式的玩味与理想，也表现出一种"雅俗相生"的文化趣味与寓意象征。换个角度来看，装饰占了茶具器身很大的比例，不仅美化了茶器的生活功用美，也趣化了茶器的审美亲和力，还寄予茶器归属感，唤起"有滋有味"的生活情怀，丰富了文化叙事，或许还"给那些一直沉寂的东西注入生趣"[6]。

## 四、公杯

有盖茶杯，也称为公杯，指办公或会议等公有性的带把柄、盖的陶瓷茶杯。显然，它是一种大众化的沏茶饮器，承载了国民嗜茶的生活样态与文心美趣。换个角度来看，茶作为养生保健的天然饮品，是人们日常生活中重要的嗜好之物。有茶的日常工作方式，早已成为习以为常的生活内容，也是工作中的调味品。可见，公杯是集成了"茶的生活与器的美学"的茶器，方便人们饮茶，是真正意义上为人服务的物件。与此同时，它的功用之美，不局限于个人的"用"，而更多地体现为众人的"用"，反映了生活方式的公有性——为人们的工作而准备的享茶器具。"如果不是公有性的器物，就没有充分的工艺化"[7]，没有充分的工艺化，就没有成熟的器物样式，也就没有司空见惯的习茶方式，生活也就没有幸福美趣。饮茶有种种途径可以实现，公杯具有公有性的沏茶功能，使工作中的饮茶方式变得有序，同时善美了文雅享乐的嗜好趣味。换句话说，它是最适合在工作时使用的茶器，善美地调和了人工作时的疲劳与享茶时的惬意两者的关系，既生活化了茶事，又犒劳了自己，这正是茶之美物的非凡之处，更是器之美用的伟大之处。（图2－16）

图2－16　公杯　陈显林制

有人用“懒”的简便方式来沏茶，也有人用“勤”的精致方式来沏茶，目的都是寻觅、享受茶之美味，寻求一种适宜、快乐的玩味趣式。从另一层面来看，“懒”的简便方式，影响沏茶饮器大众化的倾向，从而让人们去创制一种具有实用性、公有性的器物形式，来对原有的器用模式进行改良。诚然，茶器样式的改良与创新，都是为了优化饮茶生活的稳定性、便捷性、实用性，来实现茶器的量产化、平民化、工艺化，让人拥有“物美价廉”的饮茶杯具，并自觉普世化习茶生活的美与趣。这种沏茶的公杯，容易让人亲和习茶生活的嗜好，亲善喝茶的滋味。其实，公杯具有方便性、安全性、保温性、快捷性、包容性等优良性能，简化了喝茶的工序，美化了喝茶的习惯。与此同时，公杯容易清洗、打理，自然会成为民众喜好的饮茶良器。特别是它的宽容性，解决了众口难调的茗茶习性，无论绿茶、红茶、乌龙茶还是花茶等都可容纳进来，取适量茶叶放入杯中，倒入热水沏泡，盖上杯盖保温。工作之余，揭起盖子，一股茶香飘然溢出，让人轻松、惬意、快乐。

当然，这种公有化的公杯样式，带有鲜明的时代印记，难免走上程式性、量产性、机械性、廉价性的工艺之道。在这种背景下，一方面，公杯的造型样式较为稳定，难于创新，更多的是在杯身上变化纹饰图案来稍做更新；另一方面，公杯是平民需求产品，在保障“物美价廉”的工艺存在的同时，加大了机械操作替代手工艺的力度，以量取胜，降低了器物的技艺水平与思想深度，使美的细节与生气逐渐褪色，公杯就自然而然地成为平凡又平庸的产品。在某种意义上，公杯需在平凡之美中找寻非凡之味，“在寻常的世界之中也能观察到异常之美，而在这些美之中才能看到真正的美”[8]，其样式才会与时俱进，才会体现茶生活“文心风雅”的器用之美。事实上，公杯是代表中国人习茶简饮的一种普世化、实用性、特有性的生活器皿，也是亲和“有茶生活空间”的经典器物样式，更是连接平凡生活方式与饮茶嗜好习性的纽带。它支撑起不同时间的一系列生活沏茶之器，是体现自由、平等和博爱精神的标志性实用器物。显然，它具有一种功能物化的制式，也具有一种记忆人化的样式，哪怕“过时的东西所蕴藏的这种记忆范畴到今天可能还有挖掘的价值”[9]。譬如，现在有些公杯会在口沿套上陶瓷冲茶滤网圈，改良了沏茶功能，使茶与水分离开来，解决了茶味发涩的问题，改进了原有的功用性，优化了茶的口感。有时，我常常自问：什么是美的东西？我想，能满足国民大众化的嗜好需要与雅俗玩味的物品，功用寻常化与善美生活化的物件，具有亲和力和幸福感的东西便是美的，这自然莫过于习以为常的公杯。公杯是日常生活中的一种饮茶器物，闪烁着平凡而伟大的魅力，自然而然地成为人们耐心持有的生活物件。

## 第四节　茶盏：巧慧本色

盏，是中国早期茶的盛饮器皿，兴起于唐，盛于宋。宋代时“斗茶”活动风靡全国，从此黑瓷茶盏开始盛行。蔡襄曾在《茶录》中言：“茶色白，宜黑盏。”特别是建窑黑瓷盏，尤以兔毫、鹧鸪斑和曜变最为名贵，被文人墨客极为推崇。宋徽宗赵佶也在《大观茶论》中写道：“盏色贵青黑，玉毫条达者为上，取其燠发茶采色也。”从某种层面来说，茶盏之美与意，在宋代斗茶事理中就已被衍化得妙趣横生，意境深远，细化了茶事的善美相乐与余韵化生。正是这种斗茶之风与茶盏之式，叙事化了中国茶文化的生活美学，幻想化了黑瓷色变的象征特式，进而升华了茶与器的律则与韵味，形成了中国茶文化的生活哲学。或许宋代茶事“韵至极也”的生活精神象征与文化雅赏趣境，埋下了一颗民族永恒信仰的生命美学种子，并深深地影响着历代习茶者的器物喜好。当下都市生活繁杂、喧嚣，我们需要恬淡诗意的理想情境来补偿、幻化时代审美的意趣，这样便自然渐生了“快生慢活”的茶事雅趣之美学情境。日常的习茶雅事，会自觉地反哺人们仪式化、律则化、诗意化的生活。由此，我们可清楚地知道当下饮茶文化崇尚“宋风”之缘由，渐而明白习茶之人为何恋物惜盏。

反观当下玩茶圈内兴起的“高古茶器”之风，有些茶人用老盏饮茶，虽富有时空穿越的享用趣味，但带有太多玄乎其妙之理，失去了茶事美趣之生，“高古茶器”成为某种身份的象征。这种崇古之情趣，使宋盏仿效之美学盛行。无论其器型大小、式样还是釉色、工艺，都还原了某种风格典式。在某种层面上，这种器制工艺虽激活了器物文化的传承性、手艺性，但却神秘化、故事化了天目茶盏的高贵品质，使天目茶盏由自然平凡变得贵重非凡，成了曲高之物。如今，大多数茶盏延续传统的形制工艺，其样式带有鲜明的古风。尽管其器型造型、釉色装饰和材料工艺都与宋盏大同小异，但改变了古代斗茶注汤的容器功能，使其成为品赏茶色、悦目赏玩的喝茶器皿。日常多见的茶盏，多为油滴兔毫和木叶天目两大黑釉色变种类。(图2－17)

图2－17　茶盏　白明教授作

纵观中国文化史,任何实用器物的价值都在于服务生活方式的种种形式与内容。从某种程度来说,我们的生活方式滋生了器物创制的样式。明代饮茶方式发生了变化:由碾末而饮的点茶法转向冲泡散茶的瀹饮法。黑釉茶盏悄然走向没落,其高贵的美沉寂在宋代斗茶的雅趣玩味时代。黑釉茶盏的传统工艺样式重新流入现代茶器世界,其美学意义更多的是体现某种象征性、地域性的工艺文化传承,再现某种样式化、符号化的名窑制瓷经典。今日的工艺文化处于个性化时代,自然而然地使黑釉窑变茶盏的玩味重在"仿古"技艺的高低,贵在"泥古"的标本美学。人们走上收藏赏玩珍品之路,却弱化了饮茶器皿之美,使茶盏慢慢地远离器式之实用性,且情不自禁地沉浸在它本身的高贵历史中。从另一角度来理解,黑釉茶盏迎合了宋代斗茶的玩味趣事,具有"茶颜观色"的享茶功能。现在的中国人习惯泡茶,盏内黑釉不便于观察"茶汤水色",而青白浅釉则便于喝茶者观察茶色,自然弱化了"品观味象"的直观体验性与教化性。或许察"颜"观色的习茶玩味方式,自觉地精善了茶器的实用性与美趣,黑釉茶盏这种玩味较局限的品茶器皿自然会被边缘化,变成少数人的玩赏之器。因此,任何美的器物都与"用"的生活息息相关,因为实用性决定了美的存在性质,"只有基于'用'之美,才具备了坚实的基础"[10]。

个性化的工艺物品价值高昂,使某些沿用"仿古"技艺的匠人名利双收。一些"偷工减料"的茶盏流入市场,出现粗劣的便宜货和精制的珍藏品并存的局面。茶盏的美因此少了些纯粹,多了些功利。或许它的高贵在于古色,古色更让人恋古。正如克里斯平·萨特韦尔在《当代学术棱镜译丛:美的六种命名》中所说:"古色是对世界的回应,是对物品被使用的方式和被储存或被展示的各种条件的回应。"[11]正是对古色的玩味消解了现代黑釉窑变茶盏的真实本性,它看似精微、珍贵,实则平庸、世俗。譬如,现在市面上或网上出售的黑釉窑变茶盏,多数釉面耀目、艳亮,闪烁着五彩斑斓的金属光泽,格外抢眼。但盏身的光泽与干涩的口沿形成强烈的视觉反差,此类茶盏给人易耀目、难悦目之感。同时,其器制造型多采用机械方式来仿制手工,虽沿口整齐,器壁平滑,但有矫揉造作的生硬感,无手工拉制旋转的凹凸圈纹,更无自然、轻松的稚拙味。此类茶盏常以十几元至万元的"过山车式"的价格流通于市场,这种现象让人雾里看花,难辨真假,也难以让我们对美保持正确的敬仰。

木叶盏,流露“天巧人工”之美。木叶天目,是宋代吉州窑创制烧造的饮茶器皿。工匠们经过实践、探索,不断积累经验,成功地实现了树叶的特殊工艺处理:烧制前在墨釉盏中随意放入一两片树叶,烧制后,紫黑光亮的盏内底釉面上,留下已缩小且清晰可见的叶脉纹理,微微闪泛着一丝丝乳白色或蓝白色流纹构成的叶片印影,体现自然巧妙、浑然天成的工艺之美。其实,木叶纹的形成,与加工处理后的木叶中含有的某些有机物及其分布有关。这些有机物和基础黑釉在特定气氛的烧成条件下,由高温化学反应催生而成。显然,木叶茶碗,作为一种饮茶器皿,既实用又美观,让人渐渐生出一种浮光叶影的遐思与诗意,若隐若现地产生“浮光泽色,盏心浮叶”之情境。

如今,木叶茶盏的烧造从原有的独特性转变为开放性,即从吉州窑烧造变成众多窑口烧造,木叶茶盏由此遍布陶瓷茶具市场。这种烧制工艺实现了从自然物质机理的偶发性至技艺程式化的传承性的转变,自然会局限于某种经验样式,比如追求泥古的技法、学古的标本、复古的美趣,浑然的雅美成为平庸的俗美,即更多的是“实”的叶片的显现,却少了“虚”的叶影的浮现,看似传承了古法工艺,实则弱化了古意。综观市面上的木叶茶盏,一片黄黄的树叶显现于暗黑色的釉面表层,黄色与黑色形成视觉冲击力,格外抢眼。这类茶盏既不会给人柔和的“悦目、悦色”的视觉感受,也没有“虚远、近实”的叶纹筋脉的层次感。这类炫目的器物只会给人带来媚俗的趣味,与宋代的木叶茶盏相差甚远。倘若我们用此类茶盏盛茶汤,我们只会注意到炫目的叶片,而无法静心地赏茶。或许现在烧制的木叶盏,多了杂生的功利之心,少了无心的诚善信念,渐渐失去了古时的单纯信念,然而,只有“单纯才会带来健康之美”[12]。

吉州窑烧制的木叶茶盏,在宋代也是作为平民百姓的饮茶器皿,自然体现“俗”的审美意趣。事实上,采用天然的木叶烧制成装饰图案,不仅在装饰工艺方面减少了人力,节约了成本,还丰富了黑褐釉面的装饰形式。木叶大多数选取桑叶,某种意义上延续了农耕生活方式的象征含义,这或许代表了他们追求的希望。当下,我们正处于消费文化时代,工艺之美徘徊于“由俗入雅”或者“由雅入俗”的玩味方式之间,木叶茶盏难免掺杂“俗”味。

诚然,茶盏作为饮茶器皿之一,是我们生活中的一种赏玩之物,带有鲜明的地域工艺性与国民玩味性,具有工艺文化特色与时代意义。或许宋盏的文心趣味之高级化象征，自然而然地幻化了我们对物的精贵难求与人的贪婪念生，但其美的意义早已从古时的绚丽多彩归于今日的平淡普通。正是这种泥古的工艺与学古的趣境，使茶盏的生活美意渐行渐俗。显而易见，当下茶盏朝两极化发展：一方面，艺术标签化、收藏化，远离了饮茶器皿的“用之美”的功能性，走向了象征化；另一方面，仿古工艺化、美学化，疏远了“器之意”的生活性，导致恋古之风盛行。换个角度看，喧嚣的环境、世俗的生活，使人喜好浮华丽影，难以沉下心来感受生活之美，让人变得肤浅、浮躁。其器制美趣虽走向“汲古融今”的创新之路，但透着“由雅入俗”的平庸之气。（图 2－18）

图 2－18　油滴黑茶盏　曹阳作

当然，现实生活中也有茶盏创制得很出色的人。换个角度讲，不懂茶的人，就不懂器的用，也就不懂器的美。可见，优秀的茶器创制者，自然是善茶之人，更是懂得美的人。譬如，严卫恩是龙泉窑口的生活陶瓷器皿作家，遵从“物尽其用”与“至善至美”的造物思想。他创制的茶盏，形、色自然柔和，形态干练、利索，轮廓收敛、起伏，质感肥润、晶莹，釉色冷青、灰绿，若即若离地流露沉静、优雅、和善之生气，体现了细节精微的工与胎釉淋漓的巧的和谐搭配，富有一种优美、诗性之境。回望世代守护传统技艺样式的窑口，难能可贵的是还有一位思考“茶器”的陶瓷作家，他的“茶为道生，器为用美”的审美观念，弱化“奇技淫巧”的媚俗感，他一直在用脱俗、孤寂的心来领略茶盏的高贵美。（图 2－19）

图2-19　青釉茶盏　严卫恩制

## 第五节　茶碗:沁人慢味

宋代斗茶用盏,碗更多的是作为饮器。从容积来看,碗的盛水量大于茶杯、茶盏;从造型轮廓来看,碗,器型敦厚,卷口肥腰,底足稍宽。后来,受日本茶道的影响,单一的茶盏改为多样的茶碗,从而丰富了饮茶器皿的造型。稍大些的盏、杯都可称为茶碗。对于茶碗的定义,业界暂时无明确的界定与说法。换句话说,茶碗多了一些生活味。除斗笠碗外,总体来说,茶碗具有平稳、端正的造型,少有纤细、秀气的造型,给人"四平八稳"的感觉,自觉地流露出手的"端起"或"捧起"之仪态。(图2-20)

图2-20　茶碗　白明教授作

茶碗，是生活中平凡且寻常的喝茶器皿，被日本茶道赋予善物的谦敬心与信仰观，以及善美的亲和力和仪式感，深化了“物悟禅心”的自我境界，变成了生活美学化、高贵化的饮茶器物。从另一层面来看，茶碗就是反映日本茶道“茶禅一味”的自我游心之物，也是理性极限化的审美趣味补偿之物。茶人应以虔诚的心来善待茶、厚待碗，从而开启美的百家争鸣、百花齐放之局面。茶人常常在烦冗、单调的习茶过程中，索求一种怡情悦性的玩味。茶碗的美，重在“身临其境”的物我相生，贵在“器道合一”的自我超越，善在“中正和气”的平凡人心。换句话说，茶碗就是日本茶文化的信仰象征，也是生活方式的美趣象征。例如，看似纯朴古拙、随性自然、开片缩釉的志野茶碗，实则蕴含着浑然天成、游物得心、洒脱自由的造物思想。或许日常的茶事生活集成了碗的平凡与非凡之美，碗渐渐成为一种平凡的主观象征之物。它融入人们的日常生活，培养人们欣赏平凡的品位，善美化了一种物性心感的敬仰与玩味。因此，茶碗给了我们“某种能让人放心沉溺于其间的感觉”[13]，并且具有亲和生活的一种简约、直接、纯粹的实用与欣赏之美。从某种意义来说，它描绘着茶人的人生画卷：“美在凋残零落，久经风霜，晦暗污浊，伤痕累累，亲密近切，粗糙丑陋，平凡世俗，渐隐渐散，犹疑不定，以及生命朝生暮死的短暂无常。”[14]

可见，茶碗之美的玩味意义，不仅关乎某种物态性质——“形、饰、色”的和谐关系，而且关乎某种审美对象的体验境界——“人、茶、器”的亲善程度，还关乎某种生命的存在性质——“物趣美生”的自觉顿悟。茶碗在人们的生活中很平常，一方面作为日常生活中的饮茶器物来体现其固有的实用性与器物之美，另一方面作为耐用的喝茶器皿来体现其亲和力。无论是平民百姓还是精英贵族，绝大部分茶人总会自觉地择取茶碗来慢品茶汤水色。有人怀着世俗、粗鄙、肤浅的审美趣味来玩味，平庸化了茶碗的功能美与生活美；有人抱着优雅、精致、深远的审美情趣来玩味，高贵化了茶碗的用美与用心，并精善了平凡之物的生机，从而不断提升“美”的“雅集逸气”。换个角度来讲，茶碗叙写了茶人的生活，看似只是一件物品的浮光片影，实则是茶人玩味的流光岁月。或许它的玩味方式只有不断滋养人的生活乐趣和幸福，才会持有一种沉寂、深厚、纯真的美，才能找到“物心、美趣”的生命意义，才会表现“物”的亲和、精善与“美”的平凡、细微。

在大多数中国人的生活中，除了奉茶待客、叙茶集友，饮茶基本上是个人

“茶余饭后”的日常行为。其实，我们平日清闲的享乐消遣与清静的体悟品味，基本上以“简便、慢饮”的饮茶来实现。我们体验着自我生活的闲情逸致，实现心灵的愉悦，我们常常以“一壶一碗”的沏茶器式来享受茶事，轻松快活地习茶：慢悠悠地端起茶碗，喝着香浓的茶汤。或许有人完全陶醉于自我世界，有人边喝茶边听音乐，有人边喝茶边阅读，也有人边喝茶边闭目养神……无论他们如何饮茶，都是为了让茶的醇香和甘甜的滋味来犒劳自己、愉悦自我。“在某些范围内，我们于迷乱中发现了多样性，但是却在简单的解释中找到了平静。”[15]在“叙茶慢品”的生活方式中，茶碗恰恰简化了茶式，美善了人心。

一年四季，我个人在工作室喝红茶居多，平日自己习茶时对碗情有独钟，用盖碗沏茶，用茶碗盛汤，不多不少，心平气和，慢慢品味。有时，我会用自己手工捏做、烧制的志野茶碗沏茶。粗泥砂胎覆盖着乳白色釉质。碗外面微泛火石红，碗内面渐露出大小不同的铁黑点。在细纹裂片的纹理下，釉质肌理结构的自然美与纯朴感若隐若现。那莹润的褐红色红茶，让我心平气和，沉静安宁。体悟茶的微涩与美生，于我来说是生活方式之一。我偶尔会用拾玉窑手作的豆青茶碗，其形、色隐着含蓄、内敛之美，器型源于宋盏，但稍微做了改进。腹腰稍呈弧形并向外鼓。卷口稍微收敛，饱满、稳重。釉色豆青泛灰，悦目、舒适。在霞光片影下，冷暖对比强烈，但色相的灰度与造型的曲线搭配和谐，隐隐约约有种“显他物，弱主物”的亲和感，显得格外安静、柔和，让我不由自主地端起茶碗，观看茶色，慢饮、静思。（图 2－21）

图 2－21　茶碗　袁乐辉作

茶碗，凡在人间，美在人心，贵在精善。在某种意义上，有无限乐趣的茶碗，表现出创制者“不求工巧而自多妙处”的物趣与天趣，说明创制者熟练、巧妙地掌握了技与艺、工与拙的辩证关系，显现出清雅、高远的玩味情趣。当然，有素养的陶瓷作家，自然会创制出有味、有趣的茶碗，并创造出美的高级玩味方式。其中，白磊老师创制的茶碗，在遵从实用功能的律则之下再现泥性写意的玩味，贵在“拙”的自然游弋与“美”的率性、干练。他常用拉坯方式来呈现造型，在泥坯半干时，他有意地制造泥性表面的肌理痕迹感，用手指挤压、揉捏、划擦后制造出虚实变化的层次感，特别是碗的口部、腰部等部位处理得起伏有序、虚实相生、方中有圆、圆中有方，强化了造型轮廓感，柔和了形态结构感，弱化了器型对称感。釉色褐灰泛红，斑驳自然，自然地流露出浑然天成的细腻韵味感。他曾说“放松”二字，让我记忆犹新。“放松”看似简单，实际上只有富有极高艺术天赋的人才能做到。有心的精善技巧与无心的精气拙趣和谐统一，才能达到“胸有成竹”的自由放松。每当看他创制的茶碗，我便羡慕白老师拥有“放松”的艺术禀赋，他告诉我如何去创制茶碗的高级玩味方式。或许他的茶碗美在无心地尊重自然天趣，正如柳宗悦在《工艺文化译丛：工艺之道》中说：“有意识的作为或许能够产生良性之美，但对无心的尊重则是不可或缺的。”[16]（图2－22、图2－23、图2－24）

总而言之，茶之美的源生，重在“物以器用”的玩味趣式，贵在“器成茶事”的谋划方式。久而久之，茶人便会自然精善“茶与器”的日常生活方式，融入“实用与美趣”的“中正谦和”观念，才真正意义上讲究“茶颜器式”的律则形式与仪式内容，来美待茶事的良器世界，善美自我的叙茶生活。换个角度看，茶与器和谐统一，才能保证茶的味香、汤色，才能保证器的致用、健实，才会让人亲善茶的生活方式，让人以一种敬畏、虔诚、亲和之心来品茶。可见，茶之美的一半是器之美，器细化了茶的精微，茶反哺器的良用，自觉化习茶“依茶择器”的自然皈依。这些事实告诉我们，茗茶特性不同，因此形成不同的沏茶样式。“茶与器”两者相互融合、和谐依存，才能相生美的物用、健实，创制善美生活的习茶玩味，才能让人日复一日地寻味美的沏茶器式与饮茶样式，营造充满“物趣游心”的生活趣境，使生活美的节奏仪式深远化。

图 2-22　白磊老师创制的系列茶碗

图 2-23 茶碗 1 白磊老师制

图 2-24 茶碗 2 白磊老师制

**注释：**

[1][日]柳宗悦.工艺文化译丛:工艺文化[M].徐艺乙,译.桂林:广西师范大学出版社,2006:143.

[2][日]柳宗悦.工艺文化译丛:工艺文化[M].徐艺乙,译.桂林:广西师范大学出版社,2006:60.

[3]朱光潜.谈美:谈美书简[M].北京:作家出版社,2018:93.

[4][日]柳宗悦.工艺文化译丛:工艺之道[M].徐艺乙,译.桂林:广西师范大学出版社,2011:212.

[5][美]罗伯特·亨利.艺术的精神[M].张心童,译.杭州:浙江人民美术出版社,2018:108.

[6][美]哈尔·福斯特.设计之罪[M].百舜,译.济南:山东画报出版社,2013:94.

[7][日]柳宗悦.工艺文化译丛:工艺文化[M].徐艺乙,译.桂林:广西师范大学出版社,2006:157.

[8][日]柳宗悦.工艺文化译丛:工艺之道[M].徐艺乙,译.桂林:广西师范大学出版社,2011:184.

[9][美]哈尔·福斯特.设计之罪[M].百舜,译.济南:山东画报出版社,2013:185

[10][日]柳宗悦.工艺文化译丛:工艺文化[M].徐艺乙,译.桂林:广西师范大学出版社,2006:144.

[11][美]克里斯平·萨特韦尔.当代学术棱镜译丛:美的六种命名[M].郑从容,译.南京:南京大学出版社,2019:136.

[12][日]柳宗悦.工艺文化译丛:工艺文化[M].徐艺乙,译.桂林:广西师范大学出版社,2006:130.

[13][美]克里斯平·萨特韦尔.当代学术棱镜译丛:美的六种命名[M].郑从容,译.南京:南京大学出版社,2019:121.

[14][美]克里斯平·萨特韦尔.当代学术棱镜译丛:美的六种命名[M].郑从容,译.南京:南京大学出版社,2019:122.

[15][美]克里斯平·萨特韦尔.当代学术棱镜译丛:美的六种命名[M].郑从容,译.南京:南京大学出版社,2019:114.

[16][日]柳宗悦.工艺文化译丛:工艺之道[M].徐艺乙,译.桂林:广西师范大学出版社,2011:146.

# 第三章　品茶之趣

饮茶是中国人的一种生活方式。“茶”字本身，已经有倡导人们行于草木之间、回归质朴本性的意义。陆羽曾著《茶经》，他通过亲历与实践，教人识茶、种茶、品茶，从茶中获得醇厚的口感、纯正的汤色以及简雅的自然之气，让人们从茶叶的生长环境、生产发展开始了解和感受茶的平实之美。在普及饮茶方式与茶道技艺的同时，他还挖掘出茶蕴含的人生哲理，即把神秘玄妙的禅宗之法寄托于茶之俗事本身，再延伸至人的日常行为，从而发展出符合中国传统文化的品茶习性与习俗，以此来美化生活、寓教于人。

日常茶事，既是泡茶的技艺表现，也是品茶的艺术体现。一壶茶，自然包含了泡茶的技艺和品茶的美意。我们只有娴熟地掌握沏泡的技艺，把握火候、水温、时间、冲泡等泡茶工序，才能沏泡出茶的色、香、味，应目会心，渐而欣赏茶事的“茶颜器式”，享受美的秩序与律则，体现茶事之仪态、风度、心境，并营造出一种艺术化审美与富有仪式感的情趣活动，生发品茶之趣境，化生品茶之情境。

台湾名茶学者林荆南曾说：“美是茶的事物，律是茶的秩序。”事实上，茶经自然的人化和人化的自然后，由自然之味升至文化之味，精微而妙化茶的形式、秩序和高贵，衍生了律则极限化、理性化的茶事方式，形成一种具有直观体验性且又高级神秘化的审美情操与意趣。这样，饮茶方式的艺术审美化和生活仪式化，自然落在“品”上。人们的享茶活动变得文气化、韵味化，在某种程度上，形成了日常“茶颜器式”的有意味形式与秩序化内容，从而成为民族文化信仰的集体性表征与生活化律则。

## 第一节　用之宜人

墨子曾言，有用则巧，无用则拙。这表明对生活有“用”的东西亲近人，对生活无“用”的东西则远离人。茶是中国人生活的一部分，是构成我们生活方式的“用”与“美”的信念之物，也是人们生活中不可或缺的重要趣事。无论什么样的习茶方式，茶之美的形式与内容都贵在利人、宜人的“用与美”，因此茶才会亲和人、亲善人，才会体现出茶的寻常与伟大。显然，茶是“‘用’反而会使‘美’成为确然可靠之物”[1]。

茶由简单的饮茶方式向讲究礼仪的品茶方式的审美高级化方向发展，在幅度、广度、深度上形成了中国茶文化的发展特色，呈现出地域差异化的茶俗，同时伴随阶层化、生活化的习茶特点，自然而然地分化了茶人的群体样式。大体上，我国习茶生活方式反映了平民化的“求简”和文人化的“重细”观念。它们支撑着我们茶文化的雅俗意趣，使茶文化始向生活茶事的相生相乐之美。相比二十年前，如今的日常茶事已发生了很大变化——朝仪式化的品饮方式发展，更加注重“茶颜器式”的铺陈与美趣，更加注重生活艺术化的品茶方式。“用”与“美”的茶艺化生活，艺术化了生活的情境。诚然，不管何种品茶方式，都重在“用之宜人”的“茶颜悦色”之本味，贵在“物尽其用”的“依茶择器”之本色。茶深深地扎根于日常生活，众人才会善美相乐。如上所述，茶美化了人间生活，我们“心所欲做的选择，是自然将选择的自由托付给他”[2]。

首先，健实之美。茶是生活的美物，其存在的社会意义开掘了美与生活之间的一种“对话性”自觉体验关系。在某种意义上，享茶不仅是美的活动显现，也是一种生活方式的对话体悟与习性延续，丰富与美化现实生活的信念与趣味。此时，沁入人心的味与趣、美与乐雅俗相生，易生“用”，易生“美”，易生“趣”。它们与人最亲密，不仅让人回归现实生活，还让人玩味现实生活。本质上，茶事生活的种种活动，以“用”之本真与“美”之本味融于现实生活，成为日常生活中“不弃不离”的一种趣事。显而易见，它始终是“用之宜人”的一种美，习以为常地延续着日常生活，并不断细化、深远化生活之“用”与“美”的呈现方式，来超越日常生活方式的习性美趣。故品茶实际上表现的是茶趣的形式与内容,内化了“依茶择器”的美的特性与仪式,外化了“茶颜器式”的美的嗜好与玩味。从另一层面来说,品茶看似精善了茶的味性与美趣,实则增加了茶的修饰性与造作感,自然会虚伪“为世用”的实诚,也自觉会善美“为高贵”的平庸。有的人追求茶叶的储藏年份,有的人执着于老茶器的岁月古色,也有人贪图冲茶泉水的纯净无瑕。

换个角度看,只有常“用”,保障美与生活的对话,才不会让茶“美”杂生多余的修饰部分。这样,无论茶叶的属性特点还是茶器的形、色特征,都会恰到好处,适宜利人。茶水不宜过浓、过涩,应根据四季的气候及体质的变化关系来品饮绿茶、红茶、白茶等茗茶。例如,夏季,人们爱喝凉性、清爽的绿茶。茶具的造型、材质、样式,要适宜冲泡茶水。茶具应满足以下要求:安全稳定,不易烫手,方便清洗,触感舒服,釉色清净,造型大方,装饰简练,含蓄柔和。如纯净的青白瓷茶杯能较好地彰显茶色,是常见的日常茶具。事实表明,茶“用”得舒适,才能“美”得大方,才能健实“用”之美,即茶的色、香、味与器的形、色是相得益彰的。这样,茶才闪现着生活的平凡美,保持着生活的健康美,成为人们最敬畏、最喜爱的美物。可见,茶只有具备“用”的美,才具有健实的真美,才能保留事物的内在属性及本真。如果弱化“用”的平实形式,强化“美”的修饰内容,茶便会失去它原本存在的生活价值。(图 3-1)

图 3-1　青花缠枝莲茶具　陈伟制

其次，谦敬之善。茶的平凡之美，贵在“用”；其伟大之美，重在“善”。换个角度来看，茶生活的种种玩味方式，最终是因为满足了人们的品饮需要，因此才有有滋有味的茶美之生。实质上，茶作为普罗大众饮用的美物，凡在人间，并被人化为“物尽其用”的技艺形式与“尽善尽美”的生活内容，体现了物“用”与美“用”的生活方式及存在意义，从而形成了饮茶这种生活习惯或者说地域习俗。这是日常生活方式的文化延续与美学叙事，也是支撑生活理想的精神信念与文化样式。人们嗜好、敬仰茶的“用”之美与“趣”之欲，茶才成为日常生活中“司空见惯”的普世凡物和“津津有味”的美物。因为“它们身上闪现着诚实之美，彰显着谦让之德”[3]，所以它们被人们热爱与厚待。日常“茶颜器式”的样式与趣味，一方面反映了茶人对茶之用与美的超越——表现茶的“尽用尽美”的物化形式，另一方面反映了茶人对茶之用与美的敬畏——体现茶的“行礼善美”的人化内容，从而实现“形式柔和，内容深厚”的茶的含蓄与优雅，使生活方式艺术化。显然，品茶是游心而生，也是游物而美。我们只有善待物“用”，谦敬物“美”，以“物”与“心”融入生活的种种形式与内容，以生活美的物我情境来反哺茶趣，这样才能升华茶的信仰与生命。譬如，第一道茶汁需要洗杯倒掉，第二道茶汁才可品饮。沏茶行为反映出茶人知茶的除涤去味、清洗灰尘之效，懂茶的慢性温热、津味溢香之理，还体现出茶的敬客之道。同时，沏茶、饮茶的仪姿，不急不慢，温和儒雅，坦然自若，渐显出我们对茶的敬意，也蕴含着享茶事理的一种谦敬善乐与物用美生。

再次，生活之真。享茶之事，其“用”与“美”的种种玩味由物化的形式和人化的内容衍生、升华而成，拓展了品茶方式的幅度、广度、深度，使品茶更具细节化，使茶的生活文心与器道“尽用尽美”，从而实现日常生活方式的艺术化。其实，茶之美表现的是从物“味”至心“味”的一种体悟方式，也是物我相生的客观趣化与主观境化过程。由茶汁“味醇香色”的悦心悦目至茶趣“寄物移情”的悦性悦气的升华，使品茶美趣的“物观”“心观”走向艺术化、哲理化。“只要身体的‘用’和心灵的‘用’和谐共存，‘用’就是完备的。”[4]倘若我们持有这种观念，那日常“茶颜器式”的风格样式，就会保持“生活之真”的本味、本色。近些年，中国盛行茶会，自然就多了些茶艺的公众化表演。在一定程度上，这些表演使中国茶文化的生活美学大众化,丰富了我们品茶的形式与内容。然而,无论是茶艺师的穿戴着装、妆容仪表、沏茶技艺还是器具形式与仪礼内容,都流露出"花哨修饰"的矫情与"胭脂、红尘"的妍媚,幻化了"花前月下""琴棋书画"的品茶生活,走向了乌托邦式的理想生活。从另一层面来看,它的"雅"味渐浓,"俗"趣渐淡,"粗茶淡饭"的习茶生活的本真也褪色了。诚然,品茶的生活意义是常"用"于人间,深入人心,如此才其乐无穷;善"美"于人心,雅俗相生,如此才有滋有味。或许"唯有从'用'中产生的'美',才会具备'美'的正当性质"[5],才让我们持有生活美物之真,并寻常于日常生活之美。否则,品茶就成为一种不断强化的艺术化、仪式化玩味美趣。茶是一种平凡之物,被"不断地放大、拔高,而在这一拔举过程中,平凡之物反倒失去它的平凡性"[6]。

## 第二节　涩之利人

《后汉书·申屠蟠传》中言:"安贫乐潜,味道守真。"此言道出"味"可以"用生理性的体验比喻精神性的体验"[7]。这加深了味的感受性、体验性,表明"味"是细腻、微妙的审美感觉,贵在个人的不同体会与想象,贵在感知由此及彼、由实及虚的无限味象。其实,茶是在味的感官外化上升为味的审美感知的过程中产生的,融合了生理性的感受、体验和精神性的体悟、妙化过程,化生无限之味的美。与此同时,这种无限之味的美与涩相衬相生,不仅让我们感知、玄远了茶"涩"的物美味津,还体悟、妙生了茶"涩"的利人悟道。

"涩"反映了茶"味"的美感,增强了涩味与茶味的对比,同时玄化了茶"味"的物感,丰富了朦胧、漂浮的涩感,让人难以言表。我们常说的"涩"具有主观性和体悟性,即具有"'不言之言'和'无闻之闻'"[8]的某种美意。我们无法对照某种美的修辞言语来形容它,它却隐隐约约地存在于我们的感官世界,时时刻刻出现在我们心里。茶之"涩"沁入人心,孕育了人的物感至美感的外化象生,使人们始入茶境的体悟之道,让我们在甜腻的物质世界中保持醒悟,在生活的美物趣味中保持距离,在文心的自我浮华中保持谦和。(图3-2)

图 3-2 青白瓷茶具 徐向东制

首先，醒悟之生。茶叶，经热水浸泡，形成芬芳的茶汁，既有人们嗜好的津味，也有微微的涩味。随着实践经验的积累，我们成功地平衡了茶叶的冲泡时间与涩味强度的关系。津味与涩味恰好的茶水自觉地让人沉浸于“津味微涩”的快乐中，让人在快乐中不断寻觅美的茶韵。在某种意义上，茶味微涩，沁入人心，让人心平气和地冷观静思，自觉体悟生活的美趣与意义。其实，茶早就道出了“天、地、人”的和谐相生关系，从而衍生“味至美”的茶则与“味至道”的茶境，使人间的美趣之事生活化，使我们在享茶时体悟自我的善乐之生。现实生活中，我们难以沉静地思考。茶恰恰是香清味涩、修身养性的天然饮品，需要人清闲时安静地品饮。清洗茶杯，放入几片茶叶，热水冲泡，稍等片刻即可饮用。若浸泡时间长些，其涩味略重，使我们一边享茶，一边感悟人生之美。换句话说，茶之涩味，有利于人们自然醒悟，防止人们沉迷于甜腻的生活美欲，保有幸福感，或许这才是茶之美物的本色。可见，茶，以简单、质朴的形态，存在于不同人的生活之中。它既能帮助我们在修身、养性、禅悟中保持清醒，也能使我们的生活充满艺术气息，体现出禅宗所要表现的静、净、境三种状态，让我们在自省的过程中不断强调明心见性，提升精神境界。

其次，距离之美。一种美物，无论其形式、内容是怎样的，都会改善、美化生活的玩味方式，丰富单调乏味的味趣。事实上，在寻求美物时，我们往往更喜欢精细、甜腻、奢华的美物。久而久之，我们自然会沉迷于幻化的嗜好与玩味中，自觉地贪念浮华的美欲与趣境。从某种角度来说，弱化美物的“格物致志”，则会滋生出美物的“玩物丧志”。其实，美物需保持距离感，若即若离，才会使人念念不忘，才会长久焕发美的生命力与感染力。否则，它会激发出人们的“喜新厌旧”的天性以及“贪得无厌”的欲性。茶为人间美物，有“涩”味和清香。一方面，正因为有“涩”味，茶才有自然的美性。茶虽然没有甜蜜的美汁，却是调理身心的良药，因此深受众人喜爱。另一方面，正因为有“涩”味，茶才有玩味的趣性。能够让人冷静下来，使人心平气和的东西，往往是修身养性的趣物。与此同时，“涩”味会让人忘却贪念，所以才会相生有心之美和无心之善，自然而然地保持美的距离，保持美的健实。譬如，初喝咖啡者喜爱配奶糖，懂咖啡的人则喜欢咖啡的原汁原味。喝茶也一样，刚开始喝茶的人爱喝花蜜茶，懂茶的人好饮带有涩味的清茶。清茶原汁原味，没有掺杂太多的杂味，具有更多和谐的距离美。人们品饮了清茶后会自觉地忘却杂念，如此便可感知生活中那些纯正、柔和的美物。

再次，清寂之心。茶味之涩，是我们味觉的一种反映，刺激我们的感观，使我们能动地发挥某种想象。涩，可以从物的形、色、饰、质和声的音色等方面体现出来，因此是美的重要特质。对“涩”味之美的认知因人而异，茶之涩味的体验感化过程，被我们上升为物色茶趣的某种美境之后，自然体现出自我冥想、静修“味外之象”的一种生机美。

有时，我从茶之“涩”味这个角度去看中国传统书画，这让我恍然大悟。很多人说八大山人朱耷的绘画，虽超凡脱俗、概括凝练，但多了生活的“涩”味。他的画贵在“涩”的苍劲、勃发的画风，重在“涩”的清寂、美妙的意趣，因此富有旺盛的艺术生命力。当我们看茶桌上的各类茶器样式时，有些器物多些清净、朴素、空寂的“涩”美，有些器物则多些细腻、晶莹、妍丽的“甜”美。前者超凡脱俗、孤寂空善，后者甜腻艳丽、奢华媚俗。有“涩”味的器物持久、谦实，凝聚了“素为余生，空为美生”的可“塑”量感与可“亲”深度，才会与“尽用尽美”的日常生活物件相伴，才有无限的塑造性与生命力。正是茶的“涩”味衍生了物的“涩”味，细化了美物的玩味之趣。人生如茶，美趣如涩，而人往往没意识到这一点，“特别是陷入消极趣味时，往往会忽视这个倾向”[9]。

## 第三节 礼之待人

中国茶文化融合了儒、释、道精神，儒家“中庸仁礼”的主体思想始终贯穿于茶生活中。“仁礼”教化、塑造着中国人“明礼”“知仁”的茶味人生，茶之“器道合一”的理念相融、相生于日常生活方式中。“仁”是内在人格的显现，贵在对“道德原则”的坚守；“礼”是外在涵养的显露，重在“伦理秩序”井然。“仁”“礼”构成了“助伦理，成教化”的中国文心品格，构成了品茶精神与生活行为的重要律则。从某种意义上来说，中国人性格似“茶”，总是以冷静、清醒、理智、和气的性情看待世界万物，来品味人生百态。如今，尽管儒、释、道各有自己的思想，形成了形式与价值取向各不相同的理念，譬如儒家的和善励志，佛家的诚善明净，道家的心善神游。但它们有很多共同点，就是中正、谦和、平静，这实际上是儒家的中庸仁礼思想。事实上，“不偏不倚”的言谈举止常见于日常茶事生活，主人用“礼之用，和为贵”的善茶热情，以谦让、包容的心态，来抒发享茶事趣的欢快格调，来享受闲适的人生，不自觉地流露出以茶待人的善美。

品茶的过程可以让我们逐渐体悟其中的深层境界，这直观地成就了品茶的意义。在“品”的过程中所产生的一些感受和想法，可以提升我们的审美诉求。其实，“品”茶的深意，从另一层面来看，即是人们随着饮茶时间和经验的累积由感官触发而产生的“物我化生”的生活哲理，这即是人们所说的品茶生道。寻常的茶艺逐步升华为茶道，并融入茶的行礼重道的观念，反哺日常习茶之人的诚敬之心与善礼之意。实际上，这种以礼待人的习惯存在于生活的诸多方面。座上宾常常将中国茶作为待客之礼。茶是中国人款待宾客时不可或缺的一抹韵味。上至国与国之间的邦交宴饮，下至民间百姓的日常社交、婚丧嫁娶，茶礼影响着不同阶级的审美思考与精神气度的各个层面。可见，从叶的采摘、水的选取、泡茶的手法、器皿的选取，到宾客在饮茶过程中所体会到的心态变化、雅趣情兴，无不体现出“礼”之下的艺术化审美趣乐与生活化仪式情理。它们深深地融入“茶颜器式”中，给人们带来秩序性、规则化的“礼”之体验与教化。（图 3－3）

图 3-3　严卫恩的茶室

首先,诚于虔敬。朱光潜先生在《谈修养》一书中曾说:"'敬'本是良心的自然流露,在外表所看得出来的是'礼'。"[10] 其实,品茶之事,看似外化为一种"礼"的仪式秩序,实则内化为一个人的修养与品格,并常常反映茶人的"良心"所向,即"礼"诚在于"良心"的表征。有诚心的茶人,自然和蔼可亲,自觉地以礼待人——打理干净茶室,整理干净茶桌,摆好干净的茶杯,备好茶叶,烧好茶水,奉茶待客。这种享茶方式,不仅体现出"待人以礼"的中国待客之道,还显现出渊源久远的"敬茶之礼"。潮汕工夫茶蕴含着"一敬一请"的儒雅礼仪,反映出中国人对茶礼的敬畏与信念,细化了日常的"沏茶礼仪"。譬如,他们喝茶讲究"先尊后卑,先老后少""头冲欺宾,二冲待客""喝茶皱眉,嫌茶压主""新客换茶,待之有礼"等八大礼仪,这是地域特色鲜明的茶礼习俗,代代传承,教化了当地民众。换句话说,潮汕地区的品茶礼俗,也是我们日常生活中的待客之道。"敬"的诚善理念外化为"礼"的相互尊重,让人感受到一种和谐的喝茶气氛。

其次,善于谦和。道家为中国茶道注入"天人合一"的哲学思想,不仅使得中国茶文化的"雅俗"与"善美"和谐相融、相生，还教化了人们习茶应秉承"重在礼，贵在和"的厚德、谦和精神。与此同时，道家思想支配着茶事生活中"礼之待人"的"和谐、和悦、和气"信念，让人"物我相和"地去游心、善茶。从另一角度来看，行茶方式是茶人心境的外化，故生活中沏茶行礼，贵在和气，重在和善，由此习茶生活才会走向求真、求美之善，才会趋向亲和、谦让之美。事实如此，无实诚之心的茶人，自然无远见，也无豁达的胸怀，斤斤计较于人情事理，看似行礼时用心良苦，实则费心费神，渐露出矫揉造作的假意。俗话说，日久见人心。其实，待茶也可以"日久见人心"。有良心的人，自然有谦诚的美、谦和的善、谦让的真，这些品质会从喝茶人的"一言一行"与"一茶一心"中表现出来。譬如，享茶时，宾客为主角，主人为配角。主人依次摆好茶杯，给宾客倒好茶，并将茶水端给客人后，才会给自己倒一杯茶，开始品饮。有时会遇见评茶品水的宾客，有时会遇见饮茶、咏诗、弹琴、吹箫的朋友，有时也会遇见倾诉生活烦心事的亲人。实际上，这些言行就是习茶主人清寂、谦让之心的显现，也是"怡情怡性"的茶事生活之美。

再次，心于生活。禅宗大师南泉说："平常心是道。"这句话的意思是，人在世俗生活中需保持不骄不躁、不卑不亢、不贪不嗔的虚静之心。其实，享茶时本就应该有"平常心是道"的精神，随性适意，安闲无为，心于自然，"待茶有道"。有心的敬意与无心的礼让，会自然而然地流露出习茶之人的待人之道。享茶之事，假如过于追求"敬"之精神，就会被固定成公式化或刻板化的"以茶行礼"之类的条文，露出拘束、累赘的"礼"之形式；日常习茶也变成"成教化，助人伦"的茶艺表演与人情献媚，乏味无趣，远离了生活本真，怎会有"美欲的雅俗相乐"？换句话说，大美归于"道法自然"，源于生活。这在真正意义上让人们以敬畏之心来厚待茶、善行礼，这也是习茶的起点与终点。在偏远山区的村民家享用大碗粗茶，在居于闹市的达官贵人家享用毛尖茶，虽然习茶的环境各异，但都体现出主人待客行茶礼的高贵善美。

## 第四节　凡之近人

饮茶,是一件有意思的趣事,是一种有信念的生活方式,也是人们喜欢玩味的雅俗美事。事实上,茶,因“凡”在人间才有近人的“美”,才有利人的“乐”,并善美相乐于生活。显然,习茶,不仅重在精微与厚待茶“味”,还贵在感知茶“趣”的平凡与亲和,令人久久回味,流连忘返。日常生活中的品茶之事,让人明白这样一个道理——“幸福是一个只能慢慢尝试着去接近的理想,而不是必须立即达到,令人筋疲力尽,别无他择的绝对目标”[11]。

首先,贵在寻常。其实,《神农食经》中早就有记载:“茶茗久服,令人有力、悦志。”我们熟知茶是天然的保健饮品,是有益于身心健康的好东西。饮茶自然就成了国人的一种生活化趣事,成为众人嗜好的一种美物与信念。有时候,某种生活方式越寻常,越有雅俗味、趣味性,越是会自然而然地导养人们玩味的趣味。可见,茶不仅是“雅俗趣生”的美物,还是“美欲的快乐,是量多力强、进步向上的快乐”[12]的寻常之物,日日陪伴我们。从某种层面来看,寻常的事物才会接近生活本真。人们生活中寻常的品茶趣事,不仅会朝向日久渐熟的茶“味”之微感与茶“器”之功用,还会细化与精善美的“茶颜器式”。譬如,对于白茶,冲泡与慢煮,会呈现差异鲜明的味津醇香。这表明沏茶的技艺经验会影响茶的本味、本色。另外,茶杯的卷口、敛口,或者方口、圆口,在嘴唇触碰杯口时会产生不同的舒适感。这说明生活中饮茶的实用体验会让人们感受到器的本真、本善。与此同时,习茶者的审美化与叙事化生活,将导致“依茶择器”的品茶仪式感渐强,茶之美的文心器道渐显。或许茶生活越寻常,与真美的距离就会越近,与真善的信念也会越近,让人精善、趣美于日常“茶颜器式”的品茶事理中。

其次,亲在平和。茶,是凡在人间的风情之物,有俗的嗜好,也有雅的文心;也是美在人间的雅俗美物,有味的物色,也有趣的物心,其乐无穷,且平易近人。正因为有平和的物性,有亲和的趣性,茶才会耐人寻味,才会受到众人喜爱。一方面,茶具有平和的物性特质。无论是绿茶、乌龙茶、红茶还是白茶、花茶、黑茶,都体现出因地制宜、因茶品茗的习俗与生活。而这些习俗与生活丰富了茶的色、香、味,尽善尽美了“因人而异”的饮茶生活方式。另一方面,茶具有亲和的趣性特点。茗茶芳香的自然物性被物化为人的一种喜好,已成为闻香入味的习茶趣性。它人化了喝茶方式,也精微了"依茶择器"的玩味趣式。譬如简单的大碗茶、简便的公杯茶、方便的盖碗茶、常用的小壶茶,反映了不同器式的喝茶习性,也体现出大同小异的茶趣茗香,自然地流露出美趣。茶还有和谐的感化特征。喝茶本身是一件清闲、享受之事,而茶的清香与涩味会让人自觉地实现感化与内修——"美中享乐,趣中悟理",保持趣性的物心与游心,来丰富物我的生活方式。无论是"茶颜器式"的物式还是"茶趣礼乐"的仪式,都体现出"中正谦和"的物性与心性的相融、相生。有时,一杯淡淡的清茶,或者一碗醇厚浓郁的老茶,寄情于"物我两忘"之境界,让人沉浸于其中的滋味,抛却生活的烦恼,进而让人更加热爱生活。(图 3 –4)

图 3 –4　青瓷茶碗　白明教授作

再次,好在人间。茶,作为一种物化与人化的需求产物,蕴含着物性的感知与人性的感悟,凝聚了文化精神和生活哲理。显然,茶文化是群体性鲜明的生活文化,早已成为国民的生活习惯与享乐喜好。从某种角度来看,茶为平凡之物,贵在"平等待人"的生活精神,自然让人亲和它;重在"平易持有"的生活方式,自觉让人喜爱它。换句话说,在茶汁的自然"醇香"口味与茶趣的文化"雅俗"口味共融、共生下,人们生活的玩味渐美,茶饮的味趣渐熟。茶因此让人念念不忘,不知不觉地成为人们的喜好之物。无论是平民化的盖杯沏茶,大众化的茶壶沏茶,还是文人化的茶室内享茶,都是中国茶文化"好在人间"的写照,更体现了日常茶味“美在人间”的本色。取一小撮春茶放入茶杯中，往杯内倒入适量热水。浸泡几分钟后，一片片鲜嫩的茶叶漂浮于清淡绿水中，一股芳香飘逸而出，沁入人心。闻之，微微发涩，茶香浓郁。这就是中国大多数人的生活习性，也是我们的生活情调。

最后，趣在人生。品茶是“悦目悦心”的美事，也是“怡情悦人”的趣事，具有茶美趣事的赏玩性、叙事性。其实，日常生活中的茶事，已成为一种人们习惯的生活趣事。喝茶成为人们“乐在其中”的消遣方式，也成就了我们善美相生的乐趣人生。事实上，伴随生活存在的美物都含有有趣的形式与内容，这会丰富它“用”的存在与“美”的欣赏，让人们带着情义去玩味它的生命意义与精神信念。换言之，茶为平凡之物，也是有趣之物，最终成为人们的嗜好之物。茶易亲善人，易感化人，从而使生活多了许多有意思的趣事，深掘了茶之“物化至人化”的美趣横生方式。茶不仅“趣”在“养生、养神、养气”，也“趣”在“待客、行礼、叙事”，还“趣”在“修身、行道、雅志”。这便是茶的趣味，人们“唯茶是求，或饮百碗不厌”。譬如，喝茶，重在品饮的境界，贵在玩味的叙事方式。有些人在茶桌上摆些茶宠物件供赏玩，有些人在茶桌上放置小香炉，焚香，品茶，赏乐，生活好不惬意；还有些人于饮茶间隙吟咏诗词或执笔书画。这反映出人们对品茶美趣的执着，也丰富了茶文化的“雅俗趣生”。其实，作为美趣之物，茶有助于人们“培养观看的能力，体会观看的乐趣；培养表达的能力，体会表达的乐趣”[13]。

## 第五节　美之育人

茶之美，表现在人的品饮方式。这种品饮方式是美的形式与内容的典型化过程，形成了审美趣味的典型化样式。实质上，它影响着茶事的有意味物化至人化的渐进过程，影响着日常“茶颜器式”之美的仪式性与秩序化叙事，并且细化了人们对茶的种种嗜好方式。换个角度来看，正是因为人们对茶的嗜好被人化为美的体验与体悟，“茶颜器式”的玩味形式与内容才得到了开掘，茶美沁人的生活方式才自觉地产生。与此同时，它也艺术化了茶的信仰与事理，从而教化、哺育人们生活之美的文心与境界，增强美的虔诚与自信。“我们赋美于物，物又还美于我们。美是我们与世界共同创造的产物。"[14]走向"美"的普遍化生活方式，是人们"念念不忘"的渴望对象，真正赋予茶美育人的功能。

首先，美于生活。生活是美的源泉，也是美的土壤。茶之美的形式与内容，都建立在现实生活之上，这样才能保证艺术化生活"善美相乐"，生活化艺术"雅俗相生"。事实上，正是生活的土壤滋养了人们的主观能动性，激发了我们对茶的若干想象与创造，赋予茶某种仪式与秩序，集成了群体性样式的某种象征，孕育出茶之美的生活方式与文化习俗。换个角度来看，中国茶的种种习俗，鲜明地反映了茶文化与生活相伴而生，并服务于人们的日常生活，体现了典型的生活特点与文化意趣。显然，茶因"美于生活"，而成为中国人嗜好的美物，是代表着生活美的日常典型性产物。同时，日常的茶生活方式反哺美的样式，并被经验化为某种茶的形式与内容，成为"依茶择器"的文化观念与美学思想，最终细化日常"茶颜器式"之美。譬如，喝茶前，多数人会自觉地洗净沏茶的器具，备好茶叶，依次放好茶桌上的茶壶、盖碗、公道杯、茶杯。静静地等待水烧开，心平气和地用热水冲洗杯、碗、壶。将茶叶放入壶或盖碗内，缓缓注入热水。将茶汤倒入杯中，慢慢地观茶汤，闻茗香，品津味。品完茶之后，清茶渣，洗茶器，并把茶具放回原位。这种习茶方式，随着品茶经验的累积与自我的成熟，会顺理成章地呈现在生活中，并时时刻刻提醒我们待茶如己，一心一意。久而久之，这种料理茶事的习性方式，不仅美化生活，还美育人。（图 3 - 5）

图 3 - 5　台湾刘钦莹老师的茶室

其次,善于心诚。喝茶是生活的趣事,也是滋养性情的趣事。从备茶、沏茶、品茶的日常秩序与律则方式中,我们领悟茶的物化至人化之境界,品味人生的真谛,自觉地渐向“外化美,内化心”的诚善。其实,茶“不仅关乎某种物的性质,也关乎某种审美体验的性质”[15],因此成为民族文化信仰的美物。喝茶的仪式化和事理化,已成为生活中一种修身养性的行为方式,让人清静、安宁,从而进入冥想、思考状态,并渐悟出茶美与沁心之境。看似习以为常的习茶喜好,实则是用茶来修身养性的生活方式,让人在日常茶事活动中陶冶情操、怡情悦性、修身悟道,有助于美育和美善自我。俗话说,心诚则灵。这表明“美”是“诚”的外化,“美”是“善”的积淀。显然,品茶是生活外化的一种美,也是生活内化的一种善,赋予了生活“善美相乐”的趣事。我们深深地扎根于人间生活,在“茶余饭后”津津乐道。“善”和功利有直接的联系,譬如有些人喜欢用贵重的茶器来喝年份较老的茶,看似带有功利性色彩,实则表现了一种令人敬畏的待茶之善。当然,美以善为前提,故善的出发点和最终目的都是亲和美的生活方式,体现“因人而异”的美物形式,丰富茶的生活内容,深化物趣美生。其实,品茶就是分享生活之美,平常奉茶待客,与朋友一起喝茶、叙旧,都自然流露出“待茶善美”的信念。可见,茶在我们生活中早已成为人们“敬仰”的美物,恰如朱光潜先生所说:“‘敬’不是别的东西,它就是人类的一种自然的向善向上的情感。”[16]

再次,乐于向上。喝茶,本是人们闲时找乐的一种生活方式,蕴含着茶生活的自足性与幸福感,体现出生活美的积极向上精神。无论是饮茶的习俗还是茗茶的样式,都是人们悠闲生活的体现,表现出浓浓的烟火气息。它们也是追求向上精神的一种享乐与消遣方式。然而,从补偿心理的角度来看,茶始终蕴含着乐观生活的理想精神。人们以“津津乐道”的雅俗美味来缓解现实生活带来的焦虑感,或者从忙碌的生活节奏中享受生活的片刻宁静,来缓解心灵的疲惫,获取生活的一种幸福感。有人说“只有取悦自己,才能取悦他人”[17],或许正是取悦自己这种生活方式,让茶亲近生活,走近“物我相融”的情景美生。于是,喝茶的人便情不自禁地去精善日常习茶的种种方式,从而找到自己真正心爱的美物。当喝茶成为一种嗜好时,喝茶的人便会自然而然地择取自己喜欢的物件,将茶壶、茶碗、茶杯等茶器,铺设在茶托上面,沉浸于“有茶有景”的浪漫而清闲的生活中。实际上,习茶之事不仅是一种味的赏心乐事,也是一种美的赏玩趣事,让人自然安静下来,放慢节奏,融入每日的寻常生活。

最后,品于自信。喝茶,其实也是“渐老渐熟”的趣事与“至善至美”的方式。当我们走向成熟时,随之而来的是品茶经验的不断积累。随着我们对美的认识的加深和领悟,我们自然会美得更加自信,更加优雅。当下的喝茶者对品茶规则的掌握越来越熟练,他们对“依茶择器”的了解程度越来越高,相应地“茶颜器式”的范围也越来越大,品茶玩味逐渐成为“优雅之品、精善之美”。从另一个角度看,日常习茶的方式越丰富,生活就越有魅力。我们索求自我的生活玩味,使自己的审美方式更加成熟。我们精善日常的品茶样式,深藏心中的自信便会无意间流露出来,这样我们就美得更加自信。有心之人,才会持有茶之美的自我洞察与自信创见,因为“心中求坚实度,才能得坚实度”[18]。

随着国内饮茶方式不断丰富,生活品位渐渐提升,越来越多的人拥有自己的茶室。他们精心打理茶桌上的茶具和饮具,细化“依茶择器”的生活样式。无论是茶具的形、色、质还是比例大小、装饰图案,都极富美感,有条不紊。典雅的简易风格与艳俗的繁缛之风相互映衬,装点了茶人的生活。茶人自觉地美化生活,追求茶事的“善美相乐”,体现的是他们对美好自我与美好生活的向往。有时我常常想,茶,不仅善美了生活,也善乐了我们,使自我更圆满。正是“雅俗相生”的茶文化,充实了善美化的茶,亲和了自我化的茶,让人感受到无穷的生活美,进而让人流露出美的自信。

诚然,人们习惯用感官去接收外部世界发出的信号,从中发现事物所要展现的真实面貌。茶,馥郁清香,沁人心脾。汤色明亮清澈。啜饮于口中,茶香、苦味游离于唇齿间,而后舌根生津回甘。此时,从茶给人的外观体验,到茶禅结合之后对人心品德的影响,茶之美育是人通过感官去体会的一个从外到内再到外的感化过程,通过“物我互生”的方式来映衬中国茶文化的“雅俗相乐”和“平常游心”,真正实现“粗茶淡饭”的本真、本味与“茶禅一味”的共融、共生。(图3-6)

总之,茶,作为我们日常的美物,早已生活化、趣味化、信念化,开掘了茶香弥漫的生活文化,更展现了物我交融时“得其趣,得其情,得其神”的茶境。同时,它进入我们的生活,又浸透我们的身体。它来源于我们的生活叙事美学,且

图3－6　志野釉茶碗　袁乐辉作

常见于“茶颜器式”的物式世界，使古老的中国成为知茶、爱茶、懂茶的文化国度。伴随生活节奏的加快，茶渐渐成为美的一种欲望和嗜好，“美则深植于欲求之中，我们对什么有欲望，就能学会发现它的美”[19]。或许品茶就是我们静心、冷观、思考的过程。在平凡的生活中，我们对日常小事细心地观察，从中发现品茶的过程所要传递给我们的真正含义，不同的器物对应的环境变化，以及茶带给我们的不同体验。可见，最终归于美好的片影，不过是那一方平静的水面。纵观大千世界，我们所要体悟的无非是最朴素的“平常”之美。

**注释：**

[1][日]柳宗悦．人与物：柳宗悦[M]．杨珍珍，译．北京：新星出版社，2018：15.

[2][日]柳宗悦．人与物：柳宗悦[M]．杨珍珍，译．北京：新星出版社，2018：42.

[3][日]柳宗悦．人与物：柳宗悦[M]．杨珍珍，译．北京：新星出版社，2018：30.

[4][日]柳宗悦．人与物：柳宗悦[M]．杨珍珍，译．北京：新星出版社，2018：76.

[5][日]柳宗悦．人与物：柳宗悦[M]．杨珍珍，译．北京：新星出版社，

2018:74.

[6][美]克里斯平·萨特韦尔.当代学术棱镜译丛:美的六种命名[M].郑从容,译.南京:南京大学出版社,2017:119.

[7]陈望衡.中国古典美学二十一讲[M].湖南:湖南教育出版社,2007:386.

[8][日]柳宗悦.工艺文化译丛:工艺文化[M].徐艺乙,译.桂林:广西师范大学出版社,2006:122.

[9][日]柳宗悦.工艺文化译丛:工艺文化[M].徐艺乙,译.桂林:广西师范大学出版社,2006:123.

[10]朱光潜.谈修养[M].北京:作家出版社,2018:93.

[11][法]克里斯托夫·安德烈.幸福的艺术:品位幸福的25课[M].司徒双,完永祥,司徒完满,译.北京:生活·读书·新知三联书店,2008:160.

[12][日]黑田鹏信.艺术学纲要[M].俞寄凡,译.南京:江苏美术出版社,2010:121.

[13][美]罗伯特·亨利.艺术的精神[M].张心童,译.杭州:浙江人民美术出版社,2018:213.

[14][美]克里斯平·萨特韦尔.当代学术棱镜译丛:美的六种命名[M].郑从容,译.南京:南京大学出版社,2017:6.

[15][美]克里斯平·萨特韦尔.当代学术棱镜译丛:美的六种命名[M].郑从容,译.南京:南京大学出版社,2017:120.

[16]朱光潜.谈修养[M].北京:作家出版社,2018:211.

[17][美]罗伯特·亨利.艺术的精神[M].张心童,译.杭州:浙江人民美术出版社,2018:153.

[18][美]罗伯特·亨利.艺术的精神[M].张心童,译.杭州:浙江人民美术出版社,2018:32.

[19][美]克里斯平·萨特韦尔.当代学术棱镜译丛:美的六种命名[M].郑从容,译.南京:南京大学出版社,2017:6.

# 第四章　善茶之乐

善美相乐是中国文化生活化的精神象征与审美表征。事实上，中国文化历来是由俗文化与雅文化构成的，而日常茶事是由平民习茶的俗气与文人好茶的雅气互衬而成的。显然，“俗”是生活美的日常化、近人化，“雅”是生活美的高级化、参照化。茶文化的雅俗相集，常常通过“由俗入雅”或者“由雅入俗”的审美方式来玩味。茶文化滋养着我们茶生活的善美相乐与雅集趣事，怡情悦性，耐人寻味。

其实，生活的美源于人的情趣。所以，有情趣的人，自然会精善生活；无情趣的人，自然会粗待生活。朱光潜说：“人可以分为两种，一种是情趣丰富的，对于许多事物都觉得有趣味，而且到处寻求享受这种趣味。一种是情趣枯竭的，对于许多事物都觉得没有趣味，也不去寻求趣味。”[1]前者追求“雅”气的生活，后者则过着“俗”气的生活。情趣越丰富的人，其生活越高雅、善美，人便优雅、高贵；情趣越贫瘠的人，其生活越粗糙、平淡，人便俗气、平庸。俗话说，物以类聚，人以群分。茶作为美物，其趣味既有高、低之分，也有雅、俗之味，正所谓“深人所见于物者亦深，浅人所见于物者亦浅”[2]。

## 第一节　津津有味的“俗”生活

“俗”的生活趣味，不仅增强了人们的幸福感，还产生了快乐生活的信念与源泉。而茶有入心之“味”，开化了生活的信念，表现了我们对爱的敬畏，对美的仰慕。茶因“敬畏之心而发出与人类，乃至与万物，同为一体之感。”[3]茶已成为东方文化生活中的玩味美物，它存在于寻常的生活世界中。我们在生活“由俗入雅”或者“由雅入俗”的情趣中寻求生活中存在的善乐美事，寻求津津有味的趣味方式。在某种层面来说，有意思的茶趣蕴含着“一种伟大的精神在人间能不朽，就全靠这一颗虔敬的心”[4]。正是这种“敬”的信念，让人们在茶的生活世界里深情地玩味，以寻求茶的价值与意义，索求“善美相乐”的一种情感，并在喝茶的人心中孕育着爱。茶的形式与内容是美和幸福，人们对美和幸福的追求虽然不同，但都反映了生活集雅、集俗的美和幸福。当然，“俗”扎根于人间生活，会带来平庸、俗气的生活美，也会带来平实、普世的生活美。同样，茶有“雅”的玩味方式，也有“俗”的玩味方式，而“俗”趣是人间生活美的集体表征，也是生活亲和力的善美象征，更是高级品位的审美源泉。

首先，俗味的讲究。茶有俗的趣味方式，也有雅的趣味方式。它不仅反映了物趣美生的高级玩味和低级玩味，也反映了生活方式的一种精善程度，即对生活的“讲究”程度。生活“讲究”的人，会自觉地精善有意思的生活方式，而品茶就是一种有意思的生活方式。反过来讲，“不讲究”的人，其生活自然缺少许多趣味，只有“平庸”的生活美。对他们来说，品茶仅仅是粗意的玩味，因此他们不讲究“依茶择器”，而仅仅满足于“有茶有味”的快乐生活。茶带有民间乡土味和“俗”味，随心随性，简简单单，鲜明地反映了人们的文化习性与趣味嗜好，贴近群众，更亲近生活。品茶“美”在津津有味，“乐”在沁人心甜，这正体现了“俗”味美生的伟大之处。

事实上，具有“俗”味的东西更易贴近寻常的生活，也是使生活更加快乐的文心方式。从某种意义上讲，它是生活审美补偿反映的民族集体表征。现实生活是忙碌、繁杂的，无论在物质需求方面还是在精神审美方面都处于一种被动的索求状态，我们的趣味也变得乏味，因此我们需要“俗”的趣味来丰富我们的生活世界。显然，茶由味觉至感觉的玩味化生，应目会心，增强了人们的幸福感。从某种程度来看，“雅”的饮茶方式会让我们变得高度理性；反之，“俗”的喝茶方式则会使大众变得轻松随性。

日常生活中，有人用保温杯来饮茶，有人用马克杯来喝茶，也有人用茶碗来品茶。喝茶的方式有很多种，这意味着生活中有多种善美寻乐的趣式。换言之，生活不讲究的人，自然不会精心打理茶室，也不在乎茶桌上的器物样式与风格，更不讲究“茶性与茶器”之间的精善关系。这类人往往粗俗浅薄，他们随意地沏茶，随性地喝茶，追求的是茶的美味可口。日积月累，我们习茶生活的茶颜器式便成了俗味的堆砌、杂生,其美的世界自然而然变得平庸。我们在酒店住宿,有时会看见桌上留有袋式速泡茶,这种袋式速泡茶虽简化了泡茶的程序,但丧失了喝茶的趣味。这种快餐式的喝茶方式,因过于标准化而扼杀了美的精微性、亲善性,难以让我们感觉到喝茶的乐趣。

然而,这种喝茶方式体现了我们"知足常乐"的生活观。这种幸福的理想是普通人可以达到的,并真实地、直观地反映了人们追求的喜好和物趣样式。譬如,在过去,茶馆是人们清闲时喝茶的场所,因时代的变迁和生活方式的转变,都市里的大街小巷多了咖啡厅,却少了茶馆,自然也少了些民味。幸运的是,成都市区某些街巷依然有很多民味浓厚的百姓茶馆。沏茶工序简便,在茶杯中放入数片茶叶,冲上热水,片刻后即可坐在竹椅上品尝清香的绿茶,观看形形色色的饮茶人,体会浓浓的市井生活趣味,看似在饮一杯茶,实则在观一道景。(图 4-1)

图 4-1　成都老茶馆　胡维忠供图

其次，美意的繁杂。在某种意义上，“雅”与“俗”的趣味，会形成美的分化。或许，“雅”的趣味倾向洗练、精简、素净的美，而“俗”的趣味倾向繁满、堆砌、艳丽的美。总而言之，“俗”气的茶人喜欢“媚俗”的美。他们在玩味某种嗜好时，自然会融入个人的习性和趣味。从某种意义来说，华贵、精琢之气让人难以恰到好处地把握生活美，也容易让人堕入品茶赏玩的“艳俗”趣味。反之，俗气的人也会与“雅丽”的美渐行渐远。当然，“俗”易靠近“丽”，而“丽”之美在“茶颜器式”中常常表现为华艳、繁缛的形与色。我们享受物趣带来的感官刺激与贵重感，或者炫耀物的存在感，这其实表现了物我的贪欲性。从另一个角度来看，中国人历来喜爱美的装饰，器物的装饰不仅反映了一个民族的审美趣味、喜好方式，还体现了人们的文心善美。“艳丽、繁满”的风格样式早已深入人心，代代相传，构成了中国审美文化的重要特征。我们生活的世界充斥着“艳俗”的美物，“艳俗”的美影响着茶室器物的工艺样式与创制方式。现实生活中，多数人喜欢将“艳俗”味浓厚的茶器铺设在桌上，花花绿绿，琳琅满目。它们惑人之心，有华贵精雕的媚俗美，也有纹饰缠绕的庸俗美，还有光彩夺目的艳俗美。或许正是这种“俗”气的物件支撑着人们快活、朴实的生活，给予人们幸福感。这种“俗”味契合群体性的审美体验与视觉感受，赋予物件美的亲和力、感染力，成为多数人需要的文化趣味，并反映出大众生活情意的乐观、善美情趣的乐意和生命情怀的乐生。“俗即真实，即本色”[5]，器饰的“俗”气，蕴含的“‘真本色’能‘感发人心’”[6]的“恋”感与“爱”欲，流露出人间俗意之美的本色、本味。诚然，“俗”的审美观念早已成为文化表征，生发着器制样式的文心艺脉，赋予了民众喜好的亲和力和玩味的幸福感。壶、杯、碗类陶瓷器皿，融入“俗”的绘饰、雕刻、镏金等繁杂的装饰，在题材方面择取“吉祥纳福”等各种纹饰，在工艺上则镏金描银。这类器皿透着胭脂气，看似精工、细琢，实则俗艳、繁缛，虽然美得媚俗平庸，但是乐得美趣相生。或许这种“俗”的生活方式，在提醒我们“不断寻找你心爱的事物，不要害怕过了头”[7]。这种繁杂、精细的工艺，在一定程度上堪称一流，从而让人充满了对世俗之物的赞美与贪婪。（图 4－2）

图4-2　青瓷刻划纹茶器　黄致鸣制

再次,喜意的象征。从某种程度看,“俗”是生活喜闻乐见的外化表征。“俗”寄予了生活“喜”气的文化观念,融入生活的方方面面。实际上,正是“俗”的东西,带给了人们所渴望的审美趣味,隐喻了美的象征性与符号性,也折射出民族集体信仰的观念与方式。在这种寓意象征观念下,茶器的形式与内容会形成一系列富有喜意的符号程式,来体现人们对生活的信念与对生命的祝愿。从某种意义来讲,“美是欲望的终点,既是它的目的,也是它的满足”[8]。“俗”味的审美方式,体现了人们的玩味习性与欲望需求。美的形式与内容自然会烙上个人的生命美学观,而“俗”味越浓厚的样式越是具有象征含义。特别是传统龙凤纹、团花缠枝纹、如意万字纹、云水纹、牡丹花、荷花、松、梅、竹、菊、生肖、婴戏等具有象征含义的程式化符号,发展至今仍然是常见的器物装饰画面,虽早已世俗化、市井化,却比附着人们理想中的喜意美趣,承载着文化本身。随着生命的渐老渐熟,其“俗”的爱欲随之加深、泛化,正如老妇人爱穿艳丽、媚俗的

服饰一样。(图4－3)

图4－3　描金海水纹盖碗　许润辉制

或许“俗”的生活方式,赋予我们茶趣的快乐,美才耐人寻味,贴近生活,“而美从不沉闷,美流露于各处”[9]。这样,美的方式才健实,茶的生活才平凡、寻常。反观日常生活中的享茶之事,正是因为它有近生活的“俗”味,有贴人心的“美”味,人们才去玩味、创造、善乐茶事,赋予生活幸福感,从而领会它的物化至人化的生命象征。譬如金缮,这是日本一种工艺名称,近几年在国内工艺界和美学界非常流行。一些金缮过的器物常铺设在茶室中,有实用器,也有观赏器。其实,这种工艺,重在修缮破损、残缺的陶瓷器物,让人继续享用它的美趣,聆听它的流年往事;贵在提升残缺、俭朴之美的存在意义,让人不要纠缠于日常物品破碎、缺陷的“不安、不乐”,提醒人们换一种方式去看物趣横生的美。破碎的陶瓷器物碎片,通过大漆黏合完整后,再在黏合的缝隙上面贴上金粉或金箔,形成一道道粗细不均的金线,看似精贵、华美,实则变得媚俗。中国人的“圆满”观念根深蒂固,大多数人难以接受这种金缮过的茶器,尽管它具有残缺美。因此,这种茶器只存在于少数人的生活世界里。

最后,心意的乐观。“俗”是乐观生活的活化石,看似显露出人们的肤浅与粗俗,实则体现了人们的善良与质朴。“对所有人而言,滋养幸福之树的汁液不是青春,而是生活本身。”[10]茶不只是美育生活的乐事,也是培育幸福的智慧。茶作为一种“修身养性”的饮品,早已融入我们的生活。其味醇香微涩,但却回味甘甜,沁人心脾。无论是达官贵人还是文人雅士,都热爱流光溢彩的生活方式,因为“我们置身于生活中,生而为人,最高的目的便是生活、人性”[11]。无论从物质的意义来讲,还是从精神的意义来说,人们终其一生都在积累善美,不断对生活寄予希望。茶,兼具自然特性和审美趣性的物质与精神的双重性,物化了美的形式,人化了美的内容,将美的“俗”味和“雅”趣生活化,让人不胜其烦地玩味。我们从平凡之物中索取种种美的表现行为,通过沏茶、泡茶、饮茶、赏茶等体验过程,来怡情悦性,并在“一壶一茶”的繁杂仪式中享受美的乐趣与幸福。

实际上,生活中的习茶活动就是让人从“由俗渐雅”和“由雅渐俗”双向转化的审美趣味中,找寻各种器物的乐趣与美生。诚然,日常生活中享茶应遵循“依茶择器”的原则,从简单的保温杯到繁杂的壶、碗、杯,茶器越来越高级,并进行了细化,呈现出仪式化特征,这也是茶之美“由俗渐雅”的体现。与此同时,从纯净、朴素的器具到华贵、精琢的茶器,呈现出媚丽化特征,这是茶之美“由雅渐俗”的反映。无论如何,这种“雅俗相生”的美,都实实在在地融入了茶事生活中,融入了“茶颜器式”的样态中,体现了我们乐观向上的生活态度。日常生活中,奉茶待友是茶实现价值的重要方式。茶也是连接快乐的重要纽带,因此我们时常听见茶室充满欢声笑语。

俗是生活美的本真,是善美相乐的生活写意,也是滋生大众文化的土壤,使得物趣心乐相生。“集体表象赖以传承的正是由特定文化环境给民族群体的每个成员的大脑都建立起的同样的内模式。”[12]换句话说,“俗”味之物,亲善大众,亲和自然,真正意义上赋予美生命力。正如黑田鹏信所说:“美欲的快乐,是量多力强,进步向上的快乐。”[13]譬如,红色是吉祥的象征,寄予了红红火火的祈愿,也是生命繁荣的希望。红釉色茶碗、茶杯,是近十年来茶人嗜好的茶器。景德镇红釉瓷成品率较低,“物以稀为贵”,所以红釉瓷成了当下陶瓷茶器中的抢手货。换个角度来看,红釉瓷满足了人们的玩味,增添了美的神秘象征性,多少有点儿“俗”味之趣。(图4-4)

图4-4　拾玉红釉茶杯　徐向东制

总之,文化观念与行为会影响民族趣味的样式,因为“以‘心’为道德的根源,以‘生’为一切价值的基础,正是中国文化的一体两面”[14]。显而易见,“不同的文化以不同的方式界定情感”[15]。茶,是生活的美物趣事。一方面,它会显现大众化“雅趣俗生”或者“随俗集雅”的生活方式;另一方面,它也会体现文人化“清雅脱俗”或者“优雅媚俗”的生活方式,并自觉地让我们享受雅俗相生与善美相乐的茶事生活。归根结底,有茶的生活,总让人有情、有味、有善、有乐,人便自然“尽情沉浸于世界之美,这种美超越了美丑对立,或隐藏于该对立之下”[16]。

## 第二节　脉脉含情的“雅”生活

不同的文化层次呈现不同的文化趣味,雅俗相乐是中国茶文化的精神。“俗”的另一端就是“雅”,“雅”是审美趣味的高级化方式,也是茶生活的精致化体现。当“雅”深入内里,善茶的人自然会超脱物外而游心。“只有舍弃很多言过其实的俗常,人生方可自由、幸福与饱满。”[17]慢慢去玩味它的美与趣,索求美茶方式的生活理想,寻求日常“茶颜器式”的精善样式,来铺陈“依茶择器”的物趣方式,诗性化"物我两忘"的茶境,形成茶意"情景交融"的幽静、空寂、韵远之生气。诚然,"雅"的趣味美育人的生活,也反哺人的文化素养与审美情趣,从而让人更好地去体悟茶趣的精微味道和精善乐道,成为文质彬彬的善美茶者,并在"一茶一器"之中将享茶的玩味雅性高级化。

首先,精善的铺陈。有趣味的东西,就有美的玩味,有人为的刺激与造化,也体现出人的审美素养和精善程度。"一切趣味的洗练和刺激的程度,都有关系。所以刺激不可过强,不可过奇拔,不可流于平凡,都是趣味洗练上必要注意的事。"[18]诚然,茶为有趣味的东西,如果我们没有恰到好处地去亲近、玩味它,它自然会变为趣味低级与恶俗的玩物。茶的高级趣味,源于茶人的精善,自然会有"雅"美的流露。当然,所有茶味的深层意义和主旨都源自茶者的个人思想,或许每一壶茶都包含了茶者想要给予的某种物趣美味。故品茶善雅的人,既有文心、意趣的审美情感,也有玩味、索求的生活乐趣,同时也会善待茶物、善待自己,并寻求有意味的理想方式来精善茶的生活世界。或许美的生活方式,"离艺术精神更进一步,也是向人类幸福靠近了一步,这是一种理智健全的状态"[19]。显然,一个人要有审美感知能力、趣味表达能力、茶室铺陈能力,才能成为真正的善茶人。譬如,茶室体现出一个喝茶人的趣味。从"远"视的角度来看,无论是个人的茶室、茶桌、茶席、茶器,还是其空间隔断结构的布景秩序、家具器物的质色基调、室壁上悬挂书画的比例大小,都要搭配协调,虚实相生,以彰显"品茶设景"的幽静、纯净、优雅之美;从"近"观的角度来看,无论是茶桌上摆放的茶壶、茶碗、茶杯等各类器物,还是器物的形、色、饰、材等方面,都要实用利人,含蓄柔和,以彰显"善茶择器"的亲和、细致、适度之善。其实,茶室的布局体现了茶人的寄物移情方式,也反映出日常"茶颜器式"的一种美的律则与信念。茶人在自身习茶经验的积累与开悟过程中,取悦自己的生活理想,这恰恰体现出茶的玩味意义。"当一个人沿着这种美的尺度上升时,他在对美的沉思中体验到的愉悦就变得更加强烈了。"[20]

其次,文质的卷气。"卷气"是指善茶者流露出的"文质彬彬"的书卷气或文人气,是儒雅之气质的显现,更是一种美的品格象征。"卷气"是一种贯穿性的审美趣味,常常表现在文人墨客的书画风格与内容等诸多方面。这种"卷气"往往蕴含着善茶之人的文化理想,带有浓厚的文质色彩。事实上,茶走向审美高级化的同时,也走上生活器道化,由外至内地提升人的文化修养与审美品格,并通过日常"茶颜器式"的物趣美意来外化茶人的精神气质,并提醒我们向"雅"的趣味习茶。换言之,茶人的文心雅气,反映出他的人格品性与美学境界。从某种意义上说,这种"卷气"依靠特定生存条件下的导养濡化,还可以从日常善美经验中习得。它净化、升华了茶的高级审美取向,并且不断激励着茶人始向超凡脱俗、清雅逸气。随着个人文心品格的提升,日常"茶颜器式"之雅美趣味会更加高级,那么茶人的卷气也会渐老渐熟。

同时,"雅"的性情会导养"随物宛转""与心徘徊"的审美情感,并会不知不觉地融入沏茶过程中,形成"一静一动,一张一弛"的节奏感。其实,这种卷气重在"含蓄、精致",贵在"柔和、幽逸",常常表现为日常善茶之美的"气韵、格调",并影响着"茶颜器式"的趣味样式。譬如,茶桌上摆放的茶器的样式,体现了茶人的文心趣味。色彩斑斓、风格多变的茶器,外表炫目,却少了柔和的清纯之气,自然会渐生"俗"味,"雅"气渐无。显然,这种充满物趣雅意的文人卷气,体现出习茶者尚含蓄、尚悠远、重韵味的倾向,习茶者品茶的物件隐隐约约地体现出清纯雅致、柔和幽淡之美。这种卷气提升了茶味物趣的境界,修饰了茶人清纯娴静的仪容之美、清远飘逸的风度之美和清新明媚的艺术之美,并隐含在日常"善茶美器"的形式与内容中。相应地,这种卷气,化作中国文人的一种素养,沉积在我们的文化观念中,衬托出善茶精神中的"物心"与"气韵",在一定程度上使得"超凡脱俗"的美趣获得重生。(图4-5)

图4-5　青白瓷茶碗　白明教授作

再次,诗性的流露。任何富有含蓄、内敛之美的东西,其形式与内容都会若隐若现出“雅”气,映现出静谧、柔和、清幽之情境,自然地渐入充满诗性的审美化境。所以,有“雅”气的善茶方式,既是生活美学的诗意追求,也是品茶美趣的境界反映。显然,生活诗意的物趣方式与自我心性的物境样式,不仅反映了茶由物化至人化的高级审美需求,也反映了生活玩味的理想幻境,还流露出“物我相忘”的情景化生,且升华了茶趣的“情中景、景中情”之诗意。可见,诗性不只是文人墨客追求的天趣,也是生活中茶人玩味的美趣。茶在人们的印象中是一种“雅集赏玩”的悠闲趣事,自然也是一种优雅、清静的生活方式。它多少融入了茶人诗性的精善之心与诗意的美趣之心,使某种有意味的茶境理想化,通过日常“茶颜器式”的物态方式玩味“雅”的“景”与“诗”的“情”。换个角度来看,由近及远地观察日常茶室,我们会被茶室内有序铺设的各种物品构成的安静、优美的景象所感染。茶桌上的茶壶、茶碗、茶杯等茶器虽在整个茶室内显得很小,但喝茶的人围在桌边品茶的仪姿、手握杯碗的节奏,不仅渲染了茶事“静中有动”的雅趣美生,还体现了虚实相生的诗意景象。正如罗伯特·亨利在《艺术的精神》中所说:“静思玩味那一点点浮光片影,观画、赏乐,注视优雅的姿势,都可能让人热血沸腾。我们向往更高远的人生境界,更卓越的理智与情感,于是悉心追索那浮光片影,因为我们渴望生活,而这些浮光片影感染了我们的生活。”[21]此话说明生活趣味会让我们触景生情,也鲜明地体现了生活理想的诗性索求与物趣玩味。在某种意义上,“茶颜悦色”即“浮光片影”,感召着我们去追求物趣玩味的生活诗性美。(图4-6)

当然,这种诗性的趣境只有有心的人才能发现,有心之人才会发现茶的趣味。同样,只有有趣味的人,才会体会到茶的清雅逸气,才可能铺陈、营造“茶颜器式”的物态方式,才能玩味它的亲和力和幻想性,从而步入充满诗意的茶生活。对无心的人来说,日常的“茶颜器式”只不过是喝茶所用的器具,乏味无趣,更无生活美的浪漫与诗性。“我们曾经深爱过的事物行将消逝时,总有一种意想不到美。”[22]

再次,空寂的幻境。茶,作为“雅”事善乐的审美趣味,蕴含着一种幽静、闲寂之美,也彰显着一种沉寂、孤独之美。茶的玩味方式融合了“自然口味”“文化品位”和“心悟我味”的“物化至人化”的想象过程,升华了茶由“味”的神思至“心”的内游境生,打开了茶美的自觉化妙悟与想象之门,如庄子言:“物无道,正

图 4-6　陶艺作家彭赞宾工作的茶室

容以悟之。"从另一层面来说,正是茶的生活体悟性激发了人的生命感悟性,自然地净化了人的物观至心观的悟道趣生。其美的趣味必然打上自我心性化的理想主义的烙印,并带有乌托邦式的诗性色彩,从而善美了茶的幻境,亲和了人的趣味,丰富了爱的人生。而且,这种自我心性化的趣味,不仅融入了美的理想幻境,也融合了美的超脱自由,还融进了美的自我生命,隐隐约约地透着一种空寂的孤独感,同时蕴含着"律则自我、极限自我、空善自我、超越自我"的一种生命精神象征,极致地呈现了茶之道生的比附意义。换个角度来理解,"对美的体验既是一种陌生的体验,又正是我们自己内心的感受;既是一种向外的飞行,也是一种回归"[23],这句话说明美的有限性,让我们丧失了融入这个世界的存在方式的双重矛盾性。它既是真实的存在,又是虚空的幻化,并自觉地幻化了美的理想幻境,表现出物的生命有限之美与气的生机无限之韵。事实上,喝茶之人只要有"超凡脱俗"的审美趣味,就会有"优雅恬静"的审美意趣。毫无疑问,这种美的雅趣背后,就是美的孤寂感的衍生。正是这种孤寂感存在着物趣美生的种种可能性与索求性,让人寻求自我存在的生活方式,并以此来善美自我意义的幻化物心。

或许茶人精善茶的意义在于强化其形式与内容的趣味体验性和体悟性，使自身的生活方式富有物趣美生，感化物性与心性，从而主观化美的秩序与善的律则，理性化“依茶择器”的形式，趣味化“茶颜器式”的内容与方式，使喝茶方式井然有序、善美相乐。同时，这种方式也极限化美的欲生与杂念，强化了心性的孤独感，自觉地净化了自我的孤寂美趣，除杂去繁，去多尚少，追求善茶雅趣的高级玩味。可见，生活“以平静的方式来强调这种仪式的日常性”[24]。茶的美被精神信仰化，多了敬畏的仪式与律己的趣式，自然少了随心所欲的天趣。在美的真实与虚空中寻求自我渴望的动力，人们必然会始向空寂的幻境，渐悟“禅茶一味”的生活美学。换句话说，日常善茶的终极目的就是得“道”化“我”。人们会自觉地体悟美存在的某种意义，会自觉地开化自我的一种律己信念，也有可能去追求超凡脱俗的孤独感，而“孤独感的探讨一定要回到自身，因为孤独感是一种道德意识，非得以检查自身为起点”[25]。“俗”的审美趣味，滋养随心所欲的自由与快乐，而“雅”的审美趣味，滋生与心同在的悟性与孤独，正所谓“茶如其人”。当下茶器界盛行玩味宋瓷的儒雅风韵，其器制的形、色追求洗练、纯净之美，釉质追求细腻、柔和之美，这反映出人们对优雅、诗性的审美方式的追求。这“雅”气的习茶美趣，幽雅且沉静，诗意且空灵，若隐若现出一种孤寂的美。（图4－7）

图4－7　徐向东日常奉茶待客的茶器

## 第三节 情意绵绵的“慢”生活

长久以来，茶已实现了由物化至人化的转变，喝茶已成为一种有趣味的活动方式。生活中的习茶之事早已成为工艺细节化、仪式秩序化、美学生活化的高级行为方式，并被我们实践经验化、文化理想化、器道精神化，自然而然地成了集体表象化的一种趣事，或者是一种信仰，并且渐渐地形成一种“观悟养性”与“善乐美趣”的生活方式。从另一层意义来说，茶不仅是美之物，也是闲之事，还是慢之趣，开掘了习茶生活的种种形式与内容，也精微了茶事的种种情感与趣味。换个角度来看，正是茶之清静闲趣，让我们花费时间去习茶，营造情境去享茶，并持有“慢”的观念，去逍遥、坐忘、神游自我的存在意义。诚然，赏茶是生活美的高级化体悟过程，需“静”的目应与心会，才有“趣”的味生与美乐。所以，茶之“静”的品饮，就是茶之“慢”的玩味，它们共同形成了茶的物趣美生。

慢慢地品茶，其实是享受时间流逝的一种生活状态，也是思考人生趣事的一种生活方式。或者说，这种“慢”的惬意，就是生活“乐”的表现。看似消磨时光的习茶趣事，实则慰藉心灵，有情有味地补偿我们因现实生活的紧张、忙碌、疲倦而失去的惬意。正是这种生活凡常之物，滋生了幸福的情意，并深深地滋养了“至善至美”的乐观精神与理想主义。特别是在当下繁杂、喧嚣的快节奏生活中，人人都在寻求一种补偿机制来扫除自身的烦恼、浮气，抽空清闲下来，放松自己:有的人选择饮酒，有的人选择喝咖啡，有的人选择喝茶……各自都在寻找一种有趣味的方式来犒劳自己，善待自己。所有人都梦想自己过着一种富有理想色彩、乌托邦式的艺术化生活，渐入大千世界的一切闲乐之中。

实际上，茶就是让我们亲近生活的美物。静静地等待，慢慢地品味，这样便可以调整城市生活的节奏，生活自然会变得情意绵绵。茶教化我们以“快生慢活”的方式去追求一种“善美相乐”的生活，来赋予生活快乐与幸福。显而易见，茶人有“慢”的趣味，就有“爱”的喜欢，就有“美”的诚善，也就会精善茶事的形式与内容，它们存在于日常的“茶颜器式”中。事实上，茶是上帝赐给人类的自然美物。“它让我们对周围复杂的世界怀有一种宁静久远的眷恋之情”[26]，帮助我们以各种有趣的方式去理解和接近茶美，从而亲善生活，享受幸福。

首先,"慢工细活"的事趣。饮茶有各种方式,有简单的"一叶一杯",也有器道化的"依茶择器"。后者已融入高级的审美观念,成了茶艺的表现形式。茶事被人为地掺杂了某种仪式化的情理与技艺化的事理,具有繁杂而律则化的形式与内容,成了一种集体认同且约定俗成的饮茶方式,形式化习茶技艺,内容化静观慢饮的品茶行为。事实上,中国人沏茶,讲技巧、重细节。擅于发挥技巧的人,做事讲究适度的秩序性,不慌不乱,有条不紊,巧妙精准地把握冲泡时间和技巧,以呈现出最佳的茶性味色;同时还具有亲和力和感染力,不矫揉造作,有情有义,掌握好沏茶的仪态和姿势以及"快慢"的节奏,舒坦自然,体现出茶人的优雅。换句话说,正是茶人不断探索实践,积累经验,才成功地展现出"慢工细活"的茶趣,丰富了生活的趣味,规范了寻常"美茶善器"的生活器用之道。譬如,潮汕工夫茶,讲究时间的快慢和沏泡的技艺,无论在茶叶、茶具、冲泡技术方面,还是在茶礼待客、茶事环境方面,都淋漓尽致地体现了"慢工细活"的中国茶文化精神,并反映出沏茶事理的一种"茶颜器式"之玩味方式,代表着中国茶文化的美学趣味与礼仪观念。

我平日偶尔会去朋友那儿喝茶,有时候会遇见外来的喝茶人围在茶桌边,静心地观看我们泡茶。泡茶有一套讲究的程序。沏茶者会整齐地摆放好茶杯,准备好茶叶,茶叶放在茶荷上,等待水的沸腾。用沸水冲洗碗、杯之后,有条不紊地将茶叶放入盖碗里,环绕碗内壁注水冲茶,再将茶水倒入公道杯内,依次分给客人。随后,主人会有意识地闻下盖碗里茶叶的香气,同时品辨茶叶的津味和香型。或许这一连串的泡茶动作,无意识地教会人们如何把握冲泡的时间,让客人懂得主人待茶的用心,体现出享茶的"慢工细活"的事趣,这种事趣蕴含着美的等待与叙事,也增添了茶的亲和力与人们对茶的遐思。(图 4 – 8)

当然,科技的发展改进了烧水技术,农耕时期的柴炉烧水、煮茶方式已被替代。时下盛行电陶壶,节约了时间,煮茶方便、快捷,茶水香浓。但这种简单的标准化煮茶方式,少了"慢工细活"的人情味,也少了"等待"时的冥想、好奇,自然缺乏对茶的敬畏精神与审美想象,同时也少了享茶时玩味的事趣。这种区别就类似于数码相机与胶片相机,用它们拍摄照片的感觉注定不一样:前者简单、直观,后者精细、神秘,让人更想去玩味。这让我想到很多人喜爱手工茶的缘由,现代机器如自动化烘焙烤箱改变了制茶工艺,替代了某些独具匠心的手工

图4-8 茶碗 袁乐辉作

艺。如武夷山岩茶的制作工艺,在“看青做青”的手工制作过程中,炭火烘焙这个环节十分讲究。制茶师傅要具有“观颜”与“闻香”的能力,把握烘焙时间。大多数便宜、低端的量产茶已基本上改用机器标准化制作。机器制作的茶,色泽与香气看似与手工茶无差异,实则少了手工劳作之美,同时也少了茶叶的慢性、物性向自然柔和的味性转化的机理,自然错失了茶叶性格的微妙变化,缺失了“慢工细活”的理想精神,茶的色、香、味色便死气沉沉。当然,粗心的人不会纠缠于这些细节,也不在乎其自然属性的变化,因此难以分辨茶叶的制作方式。其实,这就像手工制作的宣纸和机器制作的宣纸,前者植物纤维粗而不匀,却有工匠的手作痕迹;后者植物纤维纤细而匀密,仅有精细的流水线制作的痕迹。稍微用心观察,这些变化就一目了然。

其次,“慢味久生”的乐趣。蔡邕言:“安贫乐潜,味道守真。”关于味的想象无穷无尽,味的精微也可以无穷无尽,所以,味的真趣在于人的感悟。有心的人,其生活自然有趣,也就有无限的乐趣。其实,茶的美源于“味”的精微性、无限性、变化性。“味”已演化、上升为审美范畴的一种意义,它不再局限于生理性的感受、体验,而是一种精神性的审美活动,使茶味的表现更细腻、更微妙,也更重视个人的不同体悟。恰恰是这种物趣的体验和物味的体悟,提升了人对生活的追求,提高了茶之精神的自我心化境界——由初级的趣味向高级的意味转变,强化了茶人的趣境与情境,生发了美的境生。通常,品茶普遍具有如下特征:悠闲、静谧、洁净。我们在情与景中品茶,自然会步入“慢”生事趣的生活节奏和“慢”性心和的自我境界，从而其乐无穷地去玩味“茶颜器式”，给自己带来一种“慢活细琢”的物性味生。换个角度看，我们习茶生活之“慢”的方式，在于怡情养性，也在于内心和谐，更在于善美自我。诚然，“内具和谐而外具秩序的生活，从伦理观点看，是最善的；从美感观点看，也是最美的”[27]。同时，这种美变得优雅有味，丰盈了生活的体验趣味，也调整了人心的沉静状态，使人逐渐趋向对虔敬对象的渴望与玩味，令人向往。

事实上，日常享茶的“茶颜器式”，看似是我们极熟悉的“茶与器”的各种形式，实则具有哲理的丰富性与开放性。可见，茶“美可以被理解为复杂中的秩序，或者甚至理解为复杂性与有序性的某种决定性比例”[28]的生活仪式感。或许正是因为茶具有美的理性与仪式，我们才渴望得到它，并对它的生活样式着迷，以至索求其“趣”乐，寻觅其“美”生。在某种意义上，茶成了“慢味久生”的唯美化趣事。我们有意识地人化沏茶的复杂工序、诚善礼仪，融入“物我两忘”的某种理想精神；同时有意味地物化品茶的慢性津味，渗入“器道合一”的思想。这一思想成为品茶生活的一种信仰观念，让我们在“理性且心和”“慢性且精善”“仪式且趣乐”中去乐道、玩味。譬如，冲泡茶叶时，要先用沸水温热茶壶、盖碗，后放入茶叶。器壁内的余温和热气，缓慢地激发茶叶的香气。注入热水，浸泡片刻。将茶水倒入茶碗内，碗内立刻散发出淡淡的香气，呈现出暖暖的颜色，入口绵柔，味道醇厚。茶人精善茶的物趣美味，从侧面反映了茶人对经验技巧及美的律则化、精微化的把控很到位，这一过程升华了茶之“繁”而“慢”的人情事理。

再次，“慢性静心”的真趣。美的东西会让人冷静地观察世事，静心地思考人生，也让人学会“慢慢”地欣赏美景与美物。茶之美，因人的趣味各异而形成不同的审美感知方式，还因茶的地域特性、人文风俗等因素的不同而产生各式各样的喝茶方式，从而丰富了中国茶文化。换言之，茶的高级审美化、哲理化本身融入了儒、释、道的内修体悟过程，禅化了自我的心境与杂念，极限化了物趣的律己与静悟，让人在平凡的“茶与器”的生活世界里来“慢性、静心”地玩味它的无限之美与生命之气，坚守慢之美的习茶信念。这种信念体现了民族文化的“善美相乐”的喜好，反映了民族审美的“寄物移情”的理想，支撑着中国茶文化的审美观念与器道思想，从而细化茶的味性，趣化人的物心，妙化人的美心。或许茶的参悟方式，玄化了茶境的“物境—趣境—情境—美境”的体验感，人化了茶美由“外感”向“内化”的趣味感染力，心化了物的趣味与美的信念。在某种意义上，它恰恰弥补了生活方式的某些缺失，激发了人们渴望的生活乐趣与善美天趣。正如朱光潜所说：“人愈到闲散时愈觉单调生活可耐，愈想在呆板平凡的世界中寻出一点出乎常规的偶然的波浪，来排忧解闷。”[29]从这个角度看，饮茶确实是一种生活趣味化、艺术审美化的消遣方式，带来了让人快乐且充满美趣的高级游戏活动。而这种高级的游戏方式，不仅津津有味，其乐无穷，还美化了我们的物心真趣。“在这种生生不息的情趣中，我们可以看出生命的造化。”[30]换个角度来看，日常生活中的“茶颜器式”即是物趣人心的某种样态，它若即若离地外化出茶人“慢性静心”的善茶之美。譬如，釉面开片的茶碗，起初是纯净的白色。随着沏茶时间渐长，茶渍堆积在纹片的缝隙里，勾勒出纹片釉的“金丝铁线”等种种组织结构。“金丝铁线”纵横交错，形成大小各异的几何形状，形成有意味的抽象美。这恰恰反映了物的生命之美，体现了时间沉淀之后产生的美。（图4－9）

图4－9　茶碗　袁乐辉作

古罗马哲学家西塞罗曾说：“哲学就是心的耕种。”其实，茶也是心的耕种。有心的人，静静地寻求它的平凡之味，慢慢地寻觅它的伟大之美。这种美深藏于日常的“茶颜器式”中，体现的是人的风格，是人的生活记忆与叙事方式的集成。有时候我在想日常“茶颜器式”的物态方式，其实就是自己的文心意趣的写照，是人生对“无限”的寻求，也是“人生如茶”的比附。

**注释：**

[1]朱光潜.谈美:谈美书简[M].北京:作家出版社,2018:147.

[2]朱光潜.谈美:谈美书简[M].北京:作家出版社,2018:29.

[3]徐复观.徐复观全集:论文化(二)[M].北京:九州出版社,2014:629.

[4]朱光潜.谈修养[M].北京:作家出版社,2018:212.

[5]梁一儒,户晓辉,宫承波.中国人审美心理研究[M].济南:山东人民出版社,2002:339.

[6]梁一儒,户晓辉,宫承波.中国人审美心理研究[M].济南:山东人民出版社,2002:340.

[7][美]罗伯特·亨利.艺术的精神[M].张心童,译.杭州:浙江人民美术出版社,2018:221.

[8][美]克里斯平·萨特韦尔.当代学术棱镜译丛:美的六种命名[M].郑从容,译.南京:南京大学出版社,2019:94.

[9][美]罗伯特·亨利.艺术的精神[M].张心童,译.杭州:浙江人民美术出版社,2018:104.

[10][法]克里斯托夫·安德烈.幸福的艺术:品位幸福的25课[M].司徒双,完永祥,司徒完满,译.北京:生活·读书·新知三联书店,2008:145.

[11][美]罗伯特·亨利.艺术的精神[M].张心童,译.杭州:浙江人民美术出版社,2018:90.

[12]杨学芹,安琪.民间美术概论[M].北京: 北京工艺美术出版社,1990:94.

[13][日]黑田鹏信.艺术学纲要[M].俞寄凡,译.南京:江苏美术出版社,2010:121.

[14]徐复观.徐复观全集:论文化(二)[M].北京:九州出版社,2014:630

[15][美]彼得·基维.美学指南[M].彭锋,等译.南京:南京大学出版社,2018:149.

[16][美]克里斯平·萨特韦尔.当代学术棱镜译丛:美的六种命名[M].郑从容,译.南京:南京大学出版社,2019:129.

[17][美]罗伯特·亨利.艺术的精神[M].张心童,译.杭州:浙江人民美

术出版社,2018:187.

[18][日]黑田鹏信.艺术学纲要[M].俞寄凡,译.南京:江苏美术出版社,2010:88.

[19][美]罗伯特·亨利.艺术的精神[M].张心童,译.杭州:浙江人民美术出版社,2018:171.

[20][美]彼得·基维.美学指南[M].彭锋,等译.南京:南京大学出版社,2018:281.

[21][美]罗伯特·亨利.艺术的精神[M].张心童,译.杭州:浙江人民美术出版社,2018:139.

[22][法]克里斯托夫·安德烈.幸福的艺术:品位幸福的25课[M].司徒双,完永祥,司徒完满,译.北京:生活·读书·新知三联书店,2008:84.

[23][美]克里斯平·萨特韦尔.当代学术棱镜译丛:美的六种命名[M].郑从容,译.南京:南京大学出版社,2019:161.

[24][美]克里斯平·萨特韦尔.当代学术棱镜译丛:美的六种命名[M].郑从容,译.南京:南京大学出版社,2019:123.

[25]蒋勋.孤独六讲[M].武汉:长江文艺出版社,2017:50.

[26][法]克里斯托夫·安德烈.幸福的艺术:品位幸福的25课[M].司徒双,完永祥,司徒完满,译.北京:生活·读书·新知三联书店,2008:18.

[27]朱光潜.谈修养[M].北京:作家出版社,2018:169.

[28][美]克里斯平·萨特韦尔.当代学术棱镜译丛:美的六种命名[M].郑从容,译.南京:南京大学出版社,2019:104.

[29]朱光潜.谈美:谈美书简[M].北京:作家出版社,2018:83.

[30]朱光潜.谈美:谈美书简[M].北京:作家出版社,2018:141.

# 第五章 美茶之境

“能人是主观的，热烈的；回味是客观的，冷静的。”[1]茶，耐人回味，让人静心，让人“静观默察”“触机生悟”，让人领悟“味至远韵”“清远雅正”的茶境，从而健全了茶的物用之美与心性之善——由物化至人化的会心物感，渐渐进入胸无纤尘的境界。

品茶，是一种安静、恬淡、优雅的生活方式，这种生活方式精微妙化了人的知性、物性、情性，生发了质文雅趣的茶境。日常的“茶颜器式”，充满“物性与情性”，是具有独特的美学形式与色彩内容的美物，实现了“格物致知”的生活化、“赏心悦目”的美学化、“韵味无穷”的境界化。

茶被人化的自然美背后，会显露出喝茶者渐入、渐行、渐悟某种意识行为交感的体验和场感的体悟，从而律化与化生“内化我，外化行”的享茶通感与律则。需有“入静、渐净、有境”之渐修体悟，才会有化我之生的茶趣美乐。可见，享茶，看似是生活的艺术化过程，实则是身心的修悟过程。其实，人的情感抒发源于人心对外物的感动。同时，外物也会感染人心。茶的形式、秩序与美善，会自然而然地从“得于心，应于手”的茶境中流露出来，从而让人们“有心”待茶，“无心”虔敬，而“‘敬’不是别的东西，它就是人类的一种自然的向善向上的情感”[2]。可想而知，它不仅将茶的味造化至真、善、美，还将人的气内化至“静、净、境”。

## 第一节 静至淡而远

人人都易“静”，却难以久“静”，因为生活本身不是“静”的。人是在“有求则动”的喧嚣、躁动、忙活中度过的，在“有思则静”的空寂、平和、静虑中渐行渐远，并且在这种矛盾关系中维系着人类的创造活动与价值意义。显然，“静”与

"动"的对立统一,已成为美的形式,表现为"静中有动,动中有静",并影响着"以静为本"的事理方式。简而言之,"静"是生活境界始向的起点,也是自我性情抒发的本源,更是日常茶事始发的行为律则与文化信仰。茶,常由茶叶、烧水、择器、人行四者统一完成。茶汤的水色、醇香,自然人化了茶事活动的心理通感,即"静"而待之,渐而参悟"以茶入静"的修身道法。可见,享茶是生活闲暇之余的俗事,也是细品慢啜的雅事,更是深思远虑的体悟,须由人"静心善思"来化生茶的味外之味。

老子讲"淡乎其无味",这种"无味之味乃为至味"的观点实际上体现了古人"恬淡为上"的审美理想。王弼深化了"以恬淡为味"的美学趣味,并深掘了"味"的审美感受。苏东坡甚至将这种美学趣味升华为"绚烂至极且归于平淡"的趣味妙生。其实,"淡"常常让人联想到冷且凉的色,让人保持清醒;反之,浓,则让人联想到暖且热的色,拥有温情。这与生活中的色彩常理——白色散热而黑色吸热,具有相通之处。反观茶的类别特性,绿茶水色淡,呈凉性,而红茶水色浓,呈暖性。中国喝绿茶者众多,喝绿茶早已成为普通大众的喜好。绿茶不仅具有极佳的保健养生之效,还深藏着一层深意:绿茶易于冲泡,饮用方便,味淡,富有清香,能让人心平气和,可消除疲劳。人们常通过"茶之静中乐生"的生活方式来慰藉自己,在艺术化、哲理化的生活中体悟自我在清静舒心的环境下的微妙变化,寻觅着一种幸福感。事实上,在老子思想——"道"的指引和推导下,中国文化贯穿着"无与有""虚与实"相生的生命体悟观与和谐自然观,而荀子思想——"虚壹而静",早已孕化了中国人的心境观照思想。南朝梁代刘勰侧重通过"隐秀"的审美意象来获得丰富而持久的美感,而对审美意象的感知,要求我们身临其境,境中有静,"静"由心而生,心"静"自然生"气"。事实上,"静"会不知不觉地让人间生活由繁杂众生的"念"达至休养生息的"和"。这样,我们就会在冥想、顿悟、化合、生发的过程中参化自我的身心性情与物境意趣,才会寄物移情,才会有日常茶事中"物美善乐"的趣味与情操。可见,静中品茶,淡中寻味,美则深远,韵则悠远。(图 5－1)

以静为动,易让人的审美意趣融入"清淡幽远""平和柔雅"的情境。其实,喝茶的人常会"以静止动,以静观动,由静到动再回到静的否定之否定的变化"[3],由本心玩味、参悟外化而渐成一种审美心理的习惯定式。那么,在"静"

图5－1　黑釉茶壶　严卫恩制

的情境的润色下，在人化的形式孕生物化的美式的过程中，茶常常表现为一种生命勃发的审美动态结构，隐显于享茶过程中所呈现出的形式秩序与美感表达，并表现为日常生活中"茶颜器式"的样式风格。与此同时，在这种"平淡持美，幽远静空"的生活情境的润泽下，茶自然会渐化为"一茶一器"的趣式与意式，无声地孕育着各具风格的美。实际上，茶，陶养着人们习惯性的审美趣味与质文心声，使人本着"万物静观皆自得"的观念，"从平淡的生活中发现美，由生动的自然中展示美，甚至可'放'至纵情声色，满足官能享受的程度"[4]。

一方面，静中余思，清淡静心。喝茶是人们在余暇之中享受闲情之事。享茶时需要安静且平和的心情与较为悠闲的状态，我们才会有心情去寻找味之趣事。所以，日复一日的享茶生活，自然会陶养享茶者"静中余思"的习性。享茶者"虚静有心"地待茶，才会淡泊远虑地虚心应物，才能感受清淡本色的无限生机。显然，日常"茶颜器式"的物态形式与美感，体现着茶人的平心静气与诚心待物的性情。因茶汤水色在不同的茶盏、茶杯、茶碗内，会呈现出不同的变化，故茶之美的生气和味的余意，淡而微妙，融入器物，重在静心，以"有心之善与无心之美”的自我镜像的形式藏于“茶颜器式”中。然而，现实生活中“好茶”的人很多，他们也确实懂茶的醇香津味，熟知“静心喝茶”之常理，却未留意“静心择器”之道理，未体悟“淡”的深远意韵。生活中存在着大量低劣、色杂的茶杯、茶碗，它们粗暴地容纳茶汤水色，无法让人静观“浓淡五色”的微妙变化。有些卖场或茶室内陈列着内外皆为红色、蓝色、黑色的陶瓷类茶杯、茶碗。这类器皿，釉色缤纷绚丽，却美得粗俗。这些器皿的色相会掩盖茶汤浓淡各异、深浅不一的色泽，品茶之人自然就少了观察茶汤水色之美的乐趣。近两年，我喜欢用含铁量较高的粗泥捏制茶碗。这种泥，沙粒粗，呈色重，因此我会在茶碗内壁刷上一层白色的化妆土，内外施长石釉，内壁发色偏浅白色，还隐约地显出铁的斑点，之所以这样处理是因为我考虑到茶碗应便于人们品茶观色这一道理。（图5－2）显而易见，简约的器物蕴含着茶美、器生的某种道理：“‘纯形式’是一种被简化了的审美情感，而‘唯美’的背后，则是由‘唯理’作用指导。”[5]

图5－2　茶碗　袁乐辉作

另一方面，静中守美，恬淡静远。品茶是人们生活中“与静相乐”的乐事，也是当下“快生慢活”的人们的习茶趣事，还是恬淡有味的善美雅事。事实上，“静思远虑”之意，要求我们不要追名逐利、心胸狭隘，而要淡泊名利、胸襟开阔，如此才能发现“恬淡平远”的自然妙趣，才能从有限之象的“淡”始向无限之意的“远”，生发大美意象，从而达到自我“静中守美”的审美境界。茶的物境、情境，在一定程度上强化了茶人自我静心的“穷其要妙”之理、自我静生的“清淡平远”之意，从而使茶人渐入“恬淡幽雅”的茶境。可见，茶由茶意始向生活茶事的审美哲理化的同时，内化了茶人享茶的“心境”与“美生”的律则关系，外化了自我“宛然自足”的待茶精神，深深地影响着国民喝茶“善美相乐”的心性与美感。可见，茶作为美物，贵在茶人的信念与敬仰，重在茶人的心与欲、真与善。通常，我们茶室内铺陈的器式、赋彩的样式等，会显露出茶人的性情与修养。享茶趣事中，不急不躁的沏茶仪姿，不炫不奢的待茶行为，不骄不作的赏茶状态，体现出茶人“静心待茶”的自然美，更是“茶如其人”的写照，正如朱光潜在《谈修养》中所说：“冷静的人才能静观，才能发现‘万物皆自得’。”[6]

## 第二节　净至透而灵

心静则清，而心静的实质是让人理性地律己，涤除让人动心的功利欲望，从而淡然超越杂念与私欲，这就是老子所讲“致虚极，守静笃”之意。有心之“静”会让人渐入无心之“净”境。其实，传统中国文化中的艺术美学观，集儒、释、道的思想精神于一体，“虽源于道、儒人生哲学观的‘互渗’后至三教合一的升华、延伸，但老庄美学一直引导着中国艺术精神内的主、客体相融、交合，初于感而入于心的味象、观道，从而形成道在象中，美则是道的形式与象征”[7]。因此，茶不只是“身与物化”之美，还是“物感应心”之净。茶人应具有“备于天地之美”的淳朴与豁达，具有超凡脱俗之性情与空谷幽兰之性灵，才有享茶的清纯娴静之仪态美、清远飘逸之风度美、清新明媚之雅俗美。显然，中国文化审美观，无论在人们的心理层面还是在人生观层面，都鲜明地反映出自我渐行的“修身、养性、生情、善美”的特质，侧重于“象由心生”的参化与体悟，从而理想化“境生大美”的律己与唯心，促进了心性之“精、神、气”和品性之“真、善、美”的互渗与转化。故茶之美朝向有心的极限化与无心的理想化、有意的律己无我与无意的利己有我。在某种意义上，正是茶的敬仰精神与器道哲理，自觉地物化人的享茶身境，律化人的善美心净。茶人不仅要“明净无私”，有纯洁、虔诚之心，还要“寂静无念”，兼有淳朴、本真之心。如此，茶人才会净心待茶，自然显现善“纯”的透彻与美“真”的灵气，生发出“万物俱净”的大美象生。事实上，“净”会让人不由自主地始向“空”，从而超越“有我”的杂念，达至“无我”的本真。其美趣自然会趋向“透”“纯”“真”，并强调自我“本心”，“只要得到根本，一切即可抛弃”[8]。

生活的幸福感更多源于个体知足的心态与纯真的性情，主要体现在享受生活中“善美相乐”的乐趣，寻找生活中清净诗意的余趣。事实上，随着年龄的增长，“纯净”离我们越来越远。繁杂的生活琐事、紧张的生活节奏，不断扰乱人的纯真想象与纯净内心。换句话说，都市生活的繁华、时尚，让我们越来越光鲜亮丽、珠光宝气，也让我们渐渐远离自然、纯朴的田园乡土生活，渐渐远离那些生活趣事和诗意图景。正是茂密、深沉、冷漠的现代高楼，渐渐地异化了我们的审美理想，使纯净的生活世界自然地沉寂了。可见，人情化、信仰化的生活世界，才富有纯净的生活趣事。在茶之生活世界，倘若茶人没有纯净的心，则少有纯真的美，少有“茶颜器式”之美物趣生，更不会生发“物我相融”的情境与“有我象生”的意境。从另一角度来看，纯真的信念支撑着茶之物美善意的物态形式与生活向度，更生发着人的大美与大志，并显现于茶人日常“茶颜器式”的物态趣事中。

其实，茶是人在闲情逸致的状态下的一种生活形态。现实生活中，享茶之人易持有“静”心的外感应物触情，却难有“净”心的内感应物成性，更难有“止观明净”的应物会心，因此难以达到“心净则明”的美之本真。“净”心会让人情真性善，心胸豁达，不会让人优柔寡断，而会让人更纯真、纯净，让人感受到生活美的玲珑、淳厚，以及心灵美的纯正、透彻。生活中，人们会以“静”的诸多外感方式来享茶、叙事，来品茶的芳香与味道，但他们中少有以“净”的虔诚、谦和来善茶、美生的人。人之“净”心，会在“茶颜器式”的物态美感中若隐若现。有“净”的美心，人自然会善待生活，渐“净”的性情少了“俗”的花哨，多了“美”的自信。茶桌上若充斥着大量“雕琢贵气，满饰浓妆，雍容纤秀”的茶器，则俗气凸显。显然，这类茶人喜好茶的贵气，追捧华而不实的茶器，少了“净”心，多了俗念，因此少了自然朴素、淳厚纯真的平凡美。当然，现实生活中的花花世界，美物琳琅满目。很多人喜爱炫目之美和杂生之物，渐远了“心诚则灵”

的虔诚信念。茶是器物横生的世界，也是物用美生的生活，净心待茶，自有美器环绕。

首先，“净”始自纯而透。如果我们以一颗“净”心待见茶的器物世界，那么物与我之间自然和谐，美趋向清澈、中正、利索，美的本真、本味、本色也会玲珑透彻。反过来，这种美体现在日常“茶颜器式”的样式中，表现出茶人的内在修养与外在美趣。事实上，茶作为美之物，不只是生活美的自然外化，更是真、善、美的修性内化，净化了人之本心，澄澈了美之本真。这样，我们才会自然地习茶，而不会炫耀自己所有之物。同时，“茶颜器式”的物态方式，趋向纯净、清雅，不应矫揉造作、雕饰繁缛。特别是茶桌上的器物样式与风格，鲜明地反映出茶人的心境与美趣。心净之人尽简、极纯，器则朴素、干练，色则柔和、幽静；反之，心杂之人繁媚、重丽，器则雕琢、繁复，色则浓艳、斑驳。故“净”心习茶，才得茶美，才生大美自然、自信。否则，茶室就成为茶人贪恋名器、盛赞名茶的庸俗的集乐场所，这样，茶便难以“闪现着诚实之美，彰显着谦让之德”[9]。可见，庸俗功利的待茶之人，只贪恋茶的甜味和香色，没有善美的诚心，日常习茶之事则变成人们图乐的趣式，少了美的敬仰精神，杂生美的奢望与欲念，与茶的用美与善心背离。这类习茶之人，仅注重茶美的形式，具有浓厚的功利色彩，少有茶趣的平常精神，自然成了缺乏优雅韵味的好茶者，多半成了生活中“稀物贵件”的玩味者。

其次，“净”远至诚而灵。“净”是一种心理状态的反映，影响着我们对物质需求的物态表现，孕育着审美感知的物化趣式，从而使个人的文化修养和审美品位尽善尽美。这种美感会悄悄融入日常生活中的习茶趣事，抒发“茶颜器式”的物美意生，并始向品茶的高级审美境界。在某种意义上，净心待茶，即真心惜茶，真意得茶，正如李贽所说：“夫童心者，绝假纯真，最初一念之本心也。”净心的境界，往往让人始向自然的本心，虔诚地敬畏茶，使其成为“用”而生“美”的自然无华之物。事实上，“心诚则灵”，道出了中国审美精神“人性皆有悟”的智慧与妙理，而茶恰恰融合自然美的物感与自我善的心诚，才有物化“美”的生气和人化“物”的灵气，达至物我相忘之境。“净”由心生，让人“善”心待物，“诚”心生性，更会让人实现有心律己至无心利人的大美象生，同时升华自我性情。

日常“茶颜器式”的样态,会渐显出茶人的善美性情与虔诚心灵。尤其是茶具器皿会富有中正谦和之美,富有空灵、雅韵之气。无论是器之装饰纹样还是器之赋彩设色,都朝向“适度利人”的节制和“饰简重意”的善美。与此同时,这种审美趣境会影响器之形态、造型:显出轮廓线的干练、流畅,露出形体结构的饱满、端庄,焕发出自信之美。由此可见,这不是柔弱、纤细、繁饰之器。如果说“生活是‘物’与‘心’的生活。”那么习茶就是“物”与“心”的生活样式。如此,心则净,物则灵,才有“禅茶一味”的物境意生与心境美生,茶人才能在真正意义上始向超凡脱俗之美。

## 第三节　境至象而生

茶,体现用与美的统一,也蕴含器与道的精神。日常享茶活动的趣境是物“用”与人“心”的隐现、流露,更是茶事文化哲理化、生活美学化的物式所向。其实,茶由“物性的人化”至“人化的物式”的生活叙事化、信仰化、自我化,开掘了我们的茶境,使茶境由“物境、情境、意境”的物我境界始向有我象生,自然而然地达到茶之“味外之旨”的物我统一与境生。其实,正是这种“物化与人化”之“境”的化生,衍生出茶由凡渐向非凡的善美相乐与雅集韵远。茶的物化内容具有视觉性、语言性、形式性,而茶的人化形式表现出某种思想观念与艺术情境,并从有心的善美至无心的意韵中,孕生出具有生气的茶境。茶境的生发与显现过程,常常显现出物用的悦目悦心、物趣的至善至美、物化的寄物移情、物我的“诗性清雅”与“逸气平远”。从某种层面来看,其恰恰与祝允明所谓“身与事接而境生,境与身接而情生”之含意不谋而合。

茶室,作为日常习茶的重要场所,是直观体现我们生活品位的空间,也是显现享茶趣事的铺陈方式,更是体现主人善美的外化方式。显然,茶室是主人品位的外化表征,也是自我境界的内化隐喻,更是体悟玄妙的物化场感。如果茶室的铺陈井然有序,格调清雅高远,空间怡人有度,就说明习茶者的生活品位高雅。故茶室是生发茶之趣境的起点,是参化茶之善人的过程,也是开掘茶之境生的终点。我们在日常生活中常见“茶颜器式”的物态形式,茶室的情景铺设、赋彩虚实相生，淋漓尽致地展现了茶室的雅与俗的格调。喜爱堆砌之美的习茶者，其茶室自然多些俗气；喜爱精简、素静的好茶者，其茶室隐约现出雅气。茶室的情景，应目会心，润泽人的物趣美生，并移物寄情于人的境界始向。近十年来，茶文化得以复兴，人们享茶生活的格调得以提升。茶实现了由过去的"粗茶陋室"至今日的"待茶入室"的转变，不只深化了茶室的空间美学与生活仪式，也增强了"物我相融"的空间场感，还外化了"物趣境生"的美意，内化了"修身养性"的美善，实现了自我心性的陶养，从而开启了"静中守美，茶中境生"的茶事生活。现实生活中，大多数人会留下一席之地来摆放茶桌，放置茶壶、茶杯等沏茶器物，在惬意、舒心的情境中享受茶的滋味。这在无意中提醒我们：精心打理茶室，清理茶桌，爱护器物，才会滋生出自我的雅性趣境。这就是"味之象外"的茶境，它已化为生活文化的善美与信念。

茶境作为人们习茶活动的一种精神外化的表现，蕴含着有心的人化物境，又蕴含着无心的物化情境。在某种意义上，日常生活中的茶境，始于静心寂虑的体验，渐入净心游仞的体悟，生发境心无我的感悟，始向"格物境生"的物我自由，最终进入"心地更精"的自我境界。日常"茶颜器式"的物态美趣，人化了"景中有心，心中有景"的心性妙悟，禅化了茶境的物我游心，让人步入心性的空灵与美意的清寂状态，渐入物我两忘的趣境，自然地生发"因情因景，自然灵妙"的茶境，使茶室"景中有人，人中有景"之景致诗意化。事实上，茶的审美高级化，不只是茶的"物境"由内感至外显的形式美感化、秩序化，也是人的"心境"由浅向深的体悟心性化。显而易见，习茶的境界，深深地隐藏于日常"茶颜器式"的物态世界。"美"源于一壶茶，且"境"化于一壶茶，恰恰也是茶境的映现——渐渐地从有心的善美达至无心的道生。当然，人的心性、意趣各异，对享茶事理的理解自然也有差异。理性化、体悟化的享茶事理能够提升茶人的"物境、情境、意境"，实现"游心"与"物用"的高度契合，化生"以物观物"的大美和"无我之境"的余韵，最终"器道合一"。实际上，"境"本身就是自我趣味的超越妙化，是自我精神的超凡化生，也是"自我"至"有我"的演化。

首先，境之心化我生。习茶，常显现为体悟妙趣之事，表现为理性的静观之美，也体现了喝茶者的审美水平与生活品位。反之，习茶者，若无"静"的心境，就无“静”的思虑，无“境”的心胸，无“味”的趣生，更无“美”的生机，正如司空图所言：“思与境偕。”显然，喝茶的人只有具有静的特质和豁达的心胸，才能发现“润物细无声”的茶之美。日常“茶颜器式”的物态形式，伴随着我们的日常生活。这在粗心人眼里微不足道，在细心人心里却美趣横生，且蕴含着茶的味之津、色之悦、善之心与器的用之良、形之序、饰之度的互衬互生关系。从另一个层面来看，细心之人才能发现茶之美，才会有“超脱肤浅，细化精微”的审美趣境，才能给茶的物态美生以生命。可见，我们只有细心地待茶，才会有由心待物的善美性情，才能体悟“唯茶是道”的茶境，从而开掘茶之美的生活哲理化、敬仰化精神，提升“心化我生”的审美境界，并反哺于茶事生活的物用与善美、物趣与文心。事实上，生活“讲究”的意思就是茶者会精善茶室空间的自然情景，来铺设“茶颜器式”所呈现的“至善至美”的形式与内容，走上物我相融的茶趣与心境。我常在刘钦莹老师的茶室叙茶，我能感受到“味外之味”以及物我相融之境。特别是其室内精设的茶器与室外远山景色的自然相映，尽显着物色与景致和谐相融的诗意卷气。（图 5－3、图 5－4）

图 5－3　台湾刘钦莹老师的茶室

图5-4　台湾刘钦莹老师茶室的外景

其次，境之心远空善。其实，茶境，就是生活形式所展现的精神境界。“物用美生”的待茶境界，常常表现出粗俗与优雅、浓丽与清素、肤浅与深邃等两极化的特点。茶境是心性物化的外在审美形式，人的修养与品格是决定茶境始向的重要因素，茶境直观地展现于日常“茶颜器式”的人情事理中。显而易见，修养与品格的高低，滋生了茶的雅味或俗味。“雅”是生活美的高级形式。时至今日，茶已成为“礼乐”“趣事”的美物，已成为格物玩味的美事。茶的善美境界被人化后，升华了“物我相生”的物趣情境与自我幻境。而意境不只是中国审美精神的最高显现，也是超凡脱俗的善美象生。诚然，茶美，表现为日常“茶颜器式”所呈现的种种形式与内容，取决于喝茶的人的品位与修养，影响着人的清纯娴静的心性与清远飘逸的雅性。故茶美与心境总是互衬、互生，突显出茶境贵逸气、重本心的特质，体现出茶人雅洁不俗的涵养与清逸不媚的心境。显然，从有心之情至无心之景的境生达到情景交融的状态，喝茶的人才会实现心灵的真、善、美。苏轼曾在《送参寥师》中言：“静故了群动，空故纳万境。”诗中的“境”就道出了“空”的象生，因为“‘空’实在是空中有一个洁净的‘无我’的自我之空，含有不尽生命力的空”。

再次，境之心外余韵。享茶，重在“礼”的虔诚与“乐”的善美，既体现出有限的物态形式，又反映了无限的大美自然，也凝聚了“器道合一”的“用与美”和

“天人合一”的“物与心”之和气，契合了“和，而万物偕化”之境生，孕育出茶的自然之美、善美之心、生机之气。其实，习茶的“茶颜器式”，常被人理解为“茶与器”的美感形式的互生关系以及“物与人”的生命秩序的相生关系，反映出“以小喻大”的茶道思想。换句话说，随着岁月的流逝，我们需要在茶桌上增添茶碗、茶杯等器皿。有心的人会精心善待这些器物，依茶择器；反之，粗心的人只会随意放置、堆积这些器物，随意取用。在某种层面上来讲，诚心待物的茶人，既有择器的美，也有持器的善。或许喝茶的地方变了，但这些和善、贴心的茶器依然留在主人身边。茶汤流香，余韵绵长，显露出茶人淳朴、虔诚、善美的品行，也体现出“情以物迁”的物境与“物以感人”的心境。“其身与竹化，无穷出清新”，如此才能回味无穷。事实上，有心待茶之人，自有中正的品格与谦和的气质。其“本心”“本性”显现于日常“茶颜器式”中，创造出“恬淡随人心”的清远拔俗之境界，茶室也自然氤氲出清空、生气、远韵。久而久之，茶便有了一层“自觉自性”的生活本味，有了一层“静心化静”的生活本色，还有一种“诚善净美”的生活本真。（图 5－5）

图 5－5　茶碗　袁乐辉作

总而言之，茶中有情、有趣、有味，自然才会理想生活化、善美相乐化。由“静”至物我相合，茶才会孕生茶趣美生；由“净”至物我相忘，茶才会象生茶境美善；由“境”至物我相生，茶才会化生茶味人生。事实上，静心，会让我们在寻常的茶事之中，发现“茶颜器式”之美与奇妙之处。换言之，日常“茶颜器式”的物态形式，会浸润我们的心境与美趣。显然，茶融合了自然美的物感与自我善的心诚，影响着我们的日常生活。饮茶本身是一种富有生活情调和艺术趣味的生活方式，而日常"茶颜器式"的礼仪事趣，则是"凝神寂虑、参悟得道的现世的化境胜地"。

**注释：**

[1]朱光潜. 谈修养[M]. 北京：作家出版社，2018：86.

[2]朱光潜. 谈修养[M]. 北京：作家出版社，2018：211.

[3]金丹元. 文艺探索书系：禅意与化境[M]. 上海：上海文艺出版社，1993：215.

[4]金丹元. 文艺探索书系：禅意与化境[M]. 上海：上海文艺出版社，1993：122.

[5]金丹元. 文艺探索书系：禅意与化境[M]. 沈阳：辽宁美术出版社，2018：252.

[6]朱光潜. 谈修养[M]. 北京：作家出版社，2018：91.

[7]袁乐辉. 探析静、净、境之哲理与景德镇现代瓷绘的审美取向[J]. 中国陶瓷，2019(8)：94.

[8]金丹元. 禅意与化境[M]. 沈阳：辽宁美术出版社，2018：133.

[9][日]柳宗悦. 人与物：柳宗悦[M]. 杨珍珍，译. 北京：新星出版社，2018：30.

# 第六章　待茶之道

在中国茶文化中,“道”常以“体道”“观道”“味道”“悟道”的方式去认知、体悟茶之美。显而易见,从我们饮茶的种种方式来看,茶之美物的高级境界化,受“道”的影响;求“平淡”之美的朴素观,受“道法自然”思想的影响;重“天巧人工”之美的器道观,受“道体玄虚”思想的影响,这导致茶由物化的“一”向人化的“多”升华,深化了“初起于感,而入于心”的待茶之道。人们常常以“心味—心观—心游”的审美体验来妙悟茶生活的思想与哲理。

中国茶,既体现为一种造物的物化形式,又表现为一种哲理的文化形式,反映出国民生活的文化属性与器道精神。然而,享茶生活中的日常“茶颜器式”,不仅赋予茶美的铺陈、美的礼仪、美的技艺、美的情趣,还蕴含着“成教化,助人伦”的伦理范式。可见,它并不是一种简单的形式,而是一种内化的文化,更是一种外化的物我方式。显然,它以“物”的器物形式表达审美生活化的同时,也以“道”的化境方式反映审美心性化。其实,习茶人的品位更多取决于自我身份、社会地位的不同设定,因此形成丰富多样的差异化待茶之道。事实上,只有快乐的人才能品饮出茶的美味可口,只有用心的人才会体味出茶的趣味,才能领悟“因情因景,自然灵妙”的茶境。同样,日常习茶的“茶颜器式”之形式与内容各具特色,我们需要有茶趣之审美能力,才有茶境之妙悟的象生。两者契合、互生,升华了茶“景中生情,情中含景”的高级审美化。有“趣”的物事才能显现美感,才会有人化之趣,才会抒发物化之美,才能“即物悦目,即景会心”。(图6-1)

在社会文明演进的过程中,人在不断满足自身的各类需求的同时,也在提升和丰富着生活世界的生存方式与文化趣式。“人创造了文化,文化也塑造着人”,人们按美的规律与秩序来审美化有趣味的生活形式。显然,茶是人类生活方式的文化产物,也是我们“物趣美生”的雅俗生活。它渐渐生成了信仰化的美

图6-1　成都老茶馆场景　胡维忠供图

物与美境,赋予了茶事生活哲理化与器道化精神,也丰富了茶事美学的生命意义。茶作为美物,日常近人,日久生情,在物趣乐生与雅俗相生中渐老渐熟,从而自觉自性化人之“本心”的体悟与妙生。其贵在日常“茶颜器式”的美意呈现,重在从“茶”中体悟到“理”,来外化和超越自我。

正是中国人对美的丰富感知与细微体悟,使茶生活的种种形式与内容物趣横生。它由自然口味至文化口味的高级化审美,叙事了人生百味的喜好意趣与人情事理,进行了广度化、幅度化、深度化演绎,滋养着我们感悟美的高级化、深远化、逸韵化生活。这样,茶自然会被人类赋予从“物性的人化至人化的物性”的器道化精神,从而深化茶的“味象”与“道法”。待茶不只是形而下的饮茶形式与美感的显现,更是形而上的“境生道法”的体现,崇尚性、情、理,重在观、悟、修,由有限化生至无限,体现“物化”至“人化”的真、善、美的和谐统一,形成“象外之象”“味外之旨”的器道美学。细化、精微茶道之得,需人去体(即“体道”),去观(即“观道”),去味(即“味道”),去悟(即“悟道”)。茶道之得存在于日常习茶事理和“茶颜器式”之中，也是“道不离物”之奥妙的化生。而生活中的品茶之事，看似是具有艺术形式美的秩序化物态，实则是具有生活哲理美的体悟性境界。我们深受“器道不二”精神的影响，日常习茶之事，渐行至茶境的妙化，体悟茶道的审美气韵与生活哲理，成为待茶的最高思想与精神信仰。

## 第一节 物生融“和”

茶，因服务于我们的生活，而自然地融入生活的某种形式与意义，始向物趣美事的审美化活动。其实，它被人们外化为有趣味的形式的同时，也赋予我们理解器道精神的生活感悟，让我们融入信仰的文化思想，去追求“天、地、人”和谐统一的茶道思想。显而易见，茶，是有心人的美物，贵在待物之和谐，如此才有美物之内容，才有善物之形式，才持有美的生活韵味。

从生活层面来说，“和”是茶的物化法则，我们待茶时需致用利人，趋于生活的平实化、日常化。从文化层面来看，“和”是茶的人化律则，我们品茶时才会善美相乐，始向审美雅俗化、趣事化。从美学层面来看，“和”是茶的境化情趣，我们善茶才能达到物我相融的境界，渐至境界性情化、气韵化。

总而言之，“茶颜器式”的物生境意，贵在“和”，如此才有物化的生活气息和物孕的生命形式。只有人与自然之和、人与人之和、人与内心世界之和，“和”而统一，茶才会流动、运化，才会化合生机之气，才有茶物的生命美学产生。倘若茶的物化与人化没有“和谐”地融合，就谈不上“物感美生”的“依茶择器”。正是“和”善美化了茶生活的形式与内容，让人体验到物的触发至心的感化的改变，信仰“源于自然，归于自然”的生命本体精神。

日常“茶颜器式”的物态方式，蕴含着“和”的善美思想，不只反映出我们待茶的形式和内容，还体现了我们知美的物式和和善的物境。当然，“茶非一式，味不一样”，冲泡茶叶的方式繁多，无论是器皿的形制饰样、水温还是泡茶时间、品茶仪姿，都细化、精善了“茶颜器式”的外化形式与内在律则，体现出“依茶择器”和“心诚得茶”的物与人之“和”，赋予茶“人情事理”的物我境界，使人渐入

"贵在和谐,重在内容"的饮茶之道。

首先,悦目之适。日常饮茶的事理方式不仅是一种行为的美学化过程,也是一种视觉的感受化方式,更是一种秩序的物态化形式。我们从物象的审美视觉观察"茶颜观色",从物趣的审美心理感知"茶颜悦色"的渐进化、情理化。可见,"悦目"的审美感受是茶向美的高级化转变的先决条件,也是茶向趣的生活化转变的秩序基础,更是茶美之物的情境始向。茶之美的形式与内容,常隐现于"茶颜器式"的和谐与秩序中,产生"悦目"的视觉感受、"悦人"的心理感受,从而引发"随物感兴"的物趣情生,丰富、细化品茶的审美意趣与事理,深掘茶事生活的雅俗、理想和信仰。

从某个层面看,我们从"茶颜器式"之物态形式与内容中,获得"悦目"的审美感受与体悟,才会渐向"悦心"的待茶意趣与境界。换个角度看,享茶是有趣味的审美形式,重在"应目会心"的化境,贵在"悦目宜人"的适度,不仅要遵循"依茶择器"的律则,还要保持"茶颜悦色"的美趣。当然,茶之美物,先要"悦目",即茶汤水色和茶器质泽的观感,要体现美之"悦色、悦目"的和谐适度,才能渐进"随物感兴"的茶境,才会渐向"心"之会,从而达到"怡身""畅神"的效果。

事实上,生活中大多数人喜好茶的醇香滋味,弱化"茶颜观色"的视觉感观,忽视了茶之"悦目"的形式美感与"悦色"的内容秩序。

大量器物充斥着我们的生活,我们并未考究这些器物的视觉和知觉的统一,只是看见了它们"炫目"的外表。尤其是近几年来,茶器盛行炫丽、耀目的釉色,崇尚雕工、彩绘类装饰,追求浮夸、怪诞的器制,而忽略茶器的实用性。任何美的东西,先要具有审美形象的外化特点,即要有"应目"的自然形意与"会心"的愉悦生机,才能成为审美观照的对象。

茶作为物境化、情境化、意境化的美物,是"以形媚道"的生活味象,需要从"悦目"的物化向"悦人"的人化转变。生活中的习茶方式,"悦目"的"茶颜器式"所形成的物态形式,会激发人的情感,让人看到美的景色,感受到快乐的情境意趣;会增强"茶之美物与人之心性"的融合,富有美的亲和力。(图 6-2)

图6-2 彭赞宾日常习茶的器具

显而易见，绿茶的汤色青翠碧绿，给人一种清凉、舒爽、恬淡的感觉；红茶的汤色褐黄艳红，给人一种红润、鲜亮、晶莹的感觉。茶汤被容纳于杯、碗等器皿内，茶器与茶汁和谐共生，令人赏心悦目，这实际上反映了器皿材质与茶汤颜色的互衬互生关系。

其次，悦心之融。茶作为美物，其美趣是由“茶颜器式”的物化“经过”和“状态”表现出来的，在“器道合一”的人化境界和哲理由外化至内化的过程中，渐渐“悦心、悦性”。我们不是简单玩味它的形式与内容，更是深入体悟它的物生与器道。我们“专于意，一于心”地去体验茶的外在物境，体悟茶的内在情境，才能感知日常“茶颜器式”的意味形式与内容。譬如潮汕工夫茶，既有形式——“一壶三杯”，又有内容——“一举一动”。只有有修养的人才会明白奉茶待客的敬畏之道，才会律则享茶的人情事理，养成悦目、悦心、悦气的待茶品行，细化“茶颜器式”的沏茶形式与礼仪内容。换句话说，茶是一种仪式化、秩序化的表现形式与内容，不仅包括我们对茶的悦色形式的直观玩味，还包括我们对茶的体悟内容的主观玩味，也包括我们对茶的物趣美意的信仰玩味。由此，我们才会真正地从茶的叙事方式中去体验与感悟，由物化的趣境至人化的情境之升华，始向物我相融的品茶境界，并热衷于日常“茶颜器式”的生活叙事。显然，茶事生活中的“依茶择器”，蕴含了茶之形式与内容的和谐律则，也包含了茶之器式与道法的和善法则，还隐含着茶之物性与心性的内外和合。在某个层面来看，饮茶成为日常化的嗜好，是人们审美经验积累的结果，也是美善积淀的习性，更是物我相生的境界。茶人从茶境中感知事理化待茶之物性与心性的玄妙，提高了自身的素养。其实，这体现了茶人从自我叙事的物趣境生向自我感悟的器道精神的生发过程，这个过程生发了茶之美与天、地、人和谐相生的和气与生气。譬如茶碗里盛放着茶，显现出物色万象。这在凡人眼里看似简单、寻常，在慧者眼中却有无穷的妙理，不仅有悦目的“茶颜器式”，也有悦心的“茶色器泽”，这实际上反映了悦气的“器道不二”精神。（图6－3）

图6－3　青花缠枝茶杯　陈伟制

再次，悦气之生。任何美的东西，其形、色不仅悦目、悦心，还悦神、悦气。正因如此，它才持久动人，日久生情。茶之美的物趣味生，妙在“物我”的“意冥玄化”之悟得。“体物入微,物我无间,物我同一”的化境,常隐藏于“茶颜器式”的物趣玩味中,并浸润着人的精、神、气。或许茶细化了人的物趣感知与生活感悟,也润化了人的精神和生气。这种人情事理的物态方式“先要使他的感受性敏锐,感受性微妙,还要丰富他的感情,清美他的感情”[1]。日常的“茶颜器式”既是人的“知、情、意”的融合,也是人的“悦、趣、乐”的孕育。譬如沏茶的仪态,有快有慢,有刚有柔,有味有趣。它是人化形式的一种秩序仪式与行为趣式,体现了人的沏茶经验的丰富程度与品位素养的高低,渐显出习茶者的物性意生与心性气和的生活境界。没有“物色”的情趣,也就没有“生意”的情境。茶器物件的堆砌杂生,是茶之“形骸僵硬”的物态的外在表现,如此茶生活必然无味、无气。

《管子·内业》中说:“精也者,气之精者也。”此言道出中国传统美学思想——“求精、尚气”。中国茶文化思想重在由外向内的体悟渐化过程,以及物化至人化的格物致知过程,从而通向“器道不二”的精神境界。实际上,茶属于生活美物的一种,经人的审美高级化与生活情境化后,在茶人对生活经验的感悟下,渐渐地被人化为一种滋味丰富的美物,有物趣的美,也有物味的乐。茶可以精善人的文心素养与茶韵生气,使人体悟待茶之道,丰富了“触物以起情”的茶之形式与内容。事实上,多数人喜欢喝茶是因为茶有独特的香味,很少有人在品茶时静心思考,因此难以去除杂念、成见,也难以察觉“茶颜器式”隐现的美意,自然少了待茶之精微妙理。这种习茶方式,忽视了茶的美,弱化了“茶的物色、器的形饰、人的文心”互衬相生的器道思想,只剩下对茶味的嗜好,对感官刺激的追求。生活中常见玩味“年份茶”“老树茶”的茶人以及玩赏“名家壶”“老物器”的茶人。茶物、器具虽贵重、奢侈,却缺少精神意义,看似“依茶择器”,待茶有律,实则“有物趣而乏天趣”。这便滋生出平庸、俗气的茶美,既无“在外者物色,在我者生意”的物我相忘之境界,也无高级审美化的文心逸气。

## 第二节　美生亲"善"

茶,是"造乎自然"的恩宠美物,是"物用的人化与游心的物化"的物质与精神表征兼具的物趣美事。其实,茶在让人获得"味感气香"的物质满足的同时,也使人享受到茶味汤色本身就蕴含着的精神愉悦的满足感。日常享茶生活其实是一个审美化、秩序化、事理化的美物世界,善美着人的性情与素养。虽然生活方式的地域性造成了人的审美趣味的差异化、特色化,但正是这种差异化的生活形式感,丰富、细化了茶的生命美学与信仰观念。茶之美物的功能美已构成生活方式的审美表征,并通过"物与我"的关系体验与审美感受来丰富社会生活的意义。在某种意义上,茶亲善了生活情意的内容,美善了生活情趣的形式。正是这种情感化的形式与内容,凝聚了人们的亲和力与想象力,提升了他们"寄物移情"与"物我两忘"的审美趣味,使我们崇尚"天地人和"的理想信仰更加虔诚。可见,茶,本身就蕴含了物化"茶之美"与人化"茶之道"的境界,富有善美相生的生活情趣。

诚然,善是美的积淀与象征。换句话说,美是善的外化,善是美的内化。日常的饮茶,是一种品尝滋味的美感活动。享茶过程中形成"应物会心"的体悟趣境,在净化、升华人的道德修养的同时,开化人的善性,从而使人养成善心待物的习性。正如北宋画家郭熙所说:"积好在心,久则化之。"器道精神是人们对茶的虔诚的信仰,茶的终极始向是由有心的"无己"律则升华至无心的"有气"道生。这一过程本身就突显着一种美的善意与本真,渐渐地内化"心与物游"的物善美心。(图 6 – 4)

首先,寻常之美。其实,茶之美,不仅源于寻常的器物世界,也源于寻常的器物观念。观念是思想的行为体现,也是生活的审美写照。观念决定着某种美的形式与内容的始向,也影响着茶的物态形式与内容。当然,只有正确的观念,才会催生出健实的美物。日常"茶颜器式"的形式与内容,实实在在地反映了美的物化至善的人化的升华过程,真实、自然地体现了茶人的习性品行与思想观念,影响着"依茶择器"的待茶之律,并隐隐约约地透露着"美茶善器"的品赏之

图6-4　台湾刘钦莹老师的茶室

意。譬如，壶是习茶生活中最平常、最实用的器皿，适宜沏泡各类茗茶。无论是其致用利人的功能，还是其美趣、善乐，都反映了平民百姓喜爱玩味的器物属性，也说明茶壶确实是寻常之美物。宜兴紫砂壶，作为习茶之器物，在生活中早已习以为常。从文化寓意讲，“壶”“福”谐音，寄托着人们对幸福生活的向往；从使用功能看，用壶泡茶简单、便捷，且富有舒缓、起伏的节奏感；从生命观念来说，壶之形饰、质色蕴含了鲜明的仿生、象生、意生的造物观，承载着人们喜闻乐见的生活意趣。然而，在某种意义上，人过于强调生活茶事的玩赏化，滋生贪婪的欲念，自然会使茶器增加奇巧的人工雕琢之迹，逐渐扼杀寻常生活自然朴素的物性美。可见，茶滋生寻常化的美，而美的寻常化保证了茶生活的务实化、亲善化，更保证了人的观念的虔诚化、和善化，使人真正地领会习茶之意。近期流行的泥片成型、纹理褶皱繁杂的茶壶，看似打破传统，富有新奇的趣味和个性化形态，但太过追求“奇思妙想”的艺术性，以至丧失了“物用利人”的工艺性，弱化了“物尽其用”与“尽善尽美”思想。可见，它仅有短暂的美趣，而无持久的善美。

其次,有趣之乐。茶,早已成为生活中形式与内容皆有趣味的美物。这既是美的自我教化,也是趣的自我内化,更是善的自我境化。实际上,享茶是我们生活中的一种极有趣味的生活方式,"用趣味的教育,可养成鉴赏的能力"[2]。这种生活方式具有亲和力,让人的"知、情、意"渐融,让人富有美的鉴赏能力与高的素养。正是这种日常生活化的习茶经验,渐渐地提升着个人待茶的素质与涵养,自然地深化着个人的思想与妙悟。享茶已成为一种生活化、自然化、理想化的审美趣事,赋予茶更多的情感表现与品格,形成了信仰化的敬畏观念与器道思想。事实上,对茶的嗜好,是一种高级审美行为,体现出茶由物化至人化的情景趣生。在某种程度上,茶是自然而特别的东西,比起其他的东西,显得格外生活化、美学化,也具有更多美的趣味,并产生了享茶的种种精神活动。"趣味就是美的鉴赏能力。"[3]可以说,趣味开掘了日常习茶的有意味的形式与有趣味的意义。物美的感觉、心性的感触、趣味的感兴,细化了"依茶择器"的外感美与"器道合一"的内悟善,也丰富了待茶之趣味,并以各种物态方式与事趣仪式使日常"茶颜器式"变得玲珑,得"美之味、趣之乐"。换个角度来看,高级的生活趣味,自然会透露茶人高尚的善美格调。而茶如果没有趣的内容,就没有"美生"的形式,就没有"亲善"的和气。可见,生活有趣的人,自然是精心待物的人。事实上,茶是修化人的善美与趣味之物,也是评判人的修养与品格之物,并影响着茶器的某些样式,其美趣体现在"茶颜器式"的形式与内容中。当然,趣味因人而异,有"有茶之美"的雅俗之趣,有"粗茶淡饭"的有茶之美,也有"禅茶一味"的善茶之境,这些都是茶趣美生之道。显而易见,有心之人,即是有趣之人,自有待茶的善美之心,而茶人的高级趣味,就若隐若现于"美茶善器"的生活情景与趣境中。

再次,融他之善。王弼认为"万物皆由道而生",道是"一切之本源,可又超然于一切之上,贯通于一切之中"[4]。而大美在"道"的思想的影响下,自然而然地形成了"天地之和"的本真、善美。它们与"虚实相生"的含蓄、内敛,都是中国传统审美心理的主要特点。《礼记》中说:"乐和,故万物皆化。"这无异于说，“化”为“和”的最高境界。显然，品茶不仅是从物化至人化的善美化合过程，也是“立于礼”“贵于和”“善于心”的和善化境过程，更是体现“诚为善”“善为美”“美为真”的休养生息过程，真正进入了“天仁之合、天人之和”的待茶境界，显现出“中和之美”“雅俗之生”“善美之乐”的习茶精神。

换言之，从品饮茗茶的机理角度来说，“依茶择器”的饮茶事理，充分细化了茶的茗香悦色，反映出茶的多种物理结构的变化统一，呈现出茶由一至多的美生，丰富了我们待茶善器的技艺经验与善美想象。从物态方式来看，“依茶择器”的饮茶事理，体现了“贵在和谐，重在内容”的仪式化、秩序化、精微化的物趣心悟境界，丰富了由物化至人化的趣味，增添了茶美的理想化与诗意化特色，器道化了茶的“实用与利人”的教化功能。

可见，日常“茶颜器式”的物趣仪式，不仅善美了茶的形色与趣味相融的情景，还善美了茶的物性与心性相合的境界，从而使美扎根于我们生活的雅俗世界。中国茶不同于日本茶，日本茶“过于理性化的哲学观，抹杀了感性化的美学观”[5]，少了善美相乐的趣味。不同的趣味，自然会呈现出“雅与俗”的各种外化形式。粗心的茶人，仅好味感之念，对茶器并不讲究；而有心的茶人则细心地善待茶的物性、趣性、心性，以“一茶一器、一味一色、一心一意”的情景来律则化茶的精神内涵，巧妙地展现茶的美与意。或许正是有心的茶人深化了茶文化的审美想象力与趣味性，升华了茶美学的时空参悟感与器道信仰观，自然“心诚待茶”。譬如，一饼年份较长的老茶，有心的人会在打开外面裹着的泛黄的白纸时，冷静地冥想此茶的种种来历，生出虔诚、敬畏之心。大脑中会浮现制茶者的良心、贮茶者的用心、得茶者的善心，也会生发出“茶与人”的生命时空感与真、善、美。有心的人精心待茶，会用古拙、敦厚、纯朴的茶碗盛放茶水，或者用年代久远的茶碗、茶杯等器皿来饮茶，融入物性的时间记忆与人性的善美叙事，体现了“融他之善与融我之心”的审美精神。（图 6－5）

图 6–5　白明教授的茶室

## 第三节 人生知“己”

人的需求是人化美物的源泉和寄物移情的象生，反映着人的本性，也是自然创造的生命活动的体现。茶作为具有物质属性与精神属性的美物，已成为我们生活中一种有审美趣味的需求品，逐渐成为一种嗜好。或许这种嗜好连接着生活世界的寻常之物与无限之美，从而构造出一种微型宇宙的内在秩序和生命形式的精神信仰。这种嗜好通过茶的“情与景”和“善与美”来强化这种仪式的日常性、情境的极限性，从而“开辟了通往美之世界的可能性”[6]。在某种意义上，茶“在任何情况下都使之具体化、实践化和情感化了，这样‘理’便成了我们通过情感、欲望和随之而来的行动，与其他每件事物建立起联系并进而与整个世界建立起联系时所体验到的东西”[7]。换言之，茶是美的东西，也是爱的纽带，不仅让人日久生情，也让人嗜之如命，从有限之物始向无限之趣，激发我们的想象力和生命力，使生活的意义和存在感更加突出，使茶人参悟“知物、知性、知己”的渐修心境，渐入“物我两忘”的茶境，从而大美相生。（图6－6）

图6－6　白明教授在清华大学美术学院的茶室

首先，有心之始。“渴望的对象也会包括渴望之人本身。”[8]从另一个层面看，渴望之人就是有心之人，而茶为美之物，也是人渴望的对象。从其实用性和美感来看，茶，向外索求有趣味的形式，向内探求有情理的内容，直观地呈现着生活存在方式的现实体悟或幻想体验，并传递着喝茶之人的渴望、信仰与理想诉求。换句话说，茶作为人渴望的美物，有可能让我们继续创造美的生气，体验美的快乐，让我们精心细化它的物趣美意，形成一种充满“爱”的极限理性化的生活趣味与秩序。茶被我们信仰化、善美化、器道化成恩宠之物，自然会成为有心之人的嗜好之物。显然，茶被人化为一种高级的有趣味、有秩序的行为活动，渐而成为善美相乐的精神信仰，自然流露出人的有心真趣与无心真善，它贯穿于日常“茶颜器式”的习茶仪式中。可见，有心待茶之人，心中自有爱。他们会寄情于生活，去奉献爱，去寻觅美的踪迹与理想，会善待茶的秩序与体验——外化为一种“依茶择器”的物态形式，内化为一种“茶与境偕”的心悟内容。譬如茶席的铺设，需要茶人精心布局，还要茶人根据情景想象铺设的效果，从由一至多的和谐变化中择取实用、美观的良器，根据空间位置分门别类地有序摆放所有物件，使整个空间不仅有悦目的感觉，也有悦人的体验。形成了虚实相生的意境，习茶的美便会若隐若现，也会“在被欣赏时都带有某种沉思意味的含蓄”[9]。这样，茶的形式与内容，极限化趣味，情景化自我，巧而得体，精而合宜，始向“思理为妙”的体悟情境与“神与物游”的物我心境，自然渐成一种“情景交融”的幽静、闲寂之美。（图6－7）

其次，无心之得。茶在高级趣味化的同时，渗入了生命感悟的玄妙精神，并融入了寻常的器道文化，使我们从平凡生活中去寻求美趣的源泉，去寻求让我们顿悟的情景。可见，品茶实际上是有心的物化趣味向无心的人化哲理转变的审美行为活动，是由外感至内化的一种秩序性、体验性、信念性生活乐趣。它“不仅关乎某种物的性质，也关乎某种审美体验的性质”[10]，赋予生活有限之物至无限之美的象生，从有心向无心走向了生命意义的深远处，从而成为我们日常生活的恩宠之物。“在实际的人生方面，‘恋’亦占很大部分。”[11]茶若即若离，因此成为我们所“恋”之物，久而久之，让我们念念不忘。这种“恋”之物，在日常生活中很普通。有心的人，要富有爱的奉献精神，才会在物我相忘的情景中，激发出自我的审美想象与遐思，走上有心的“依茶择器”向无心的“禅

图6-7 清华大学美术学院茶室精设小景

茶一味”的善茶之道。在某种意义上看,有趣味的“茶颜器式”,不仅反映了茶人的喜好与意趣,也体现出他们的有心精善与无心精气——多了些文质彬彬之气,更多了诗情画意之景。譬如,善茶的人,会有意识地打理茶室、清理茶桌、整理茶器,从而无意识地理想化“茶颜器式”的某种形式与内容,仪式化“一壶一杯”的某种秩序与技艺,器道化“一茶一器”的某种物性与人趣。茶事因此变得有意味、有趣味、有情味,茶的色、香、味得以淋漓尽致地展现,茶的真、善、美得以体悟。可见,茶虽为平凡之物、耐人寻味之物,却丰富、细化了主体与客体审美的无限可能性与开悟性。茶之美是有心的造化与无心的我化之道,也是待茶之道。

再次，心心之生。在某个层面来看，中国艺术审美是无中生有，虚中见实，有限中出无限。茶，依托我们人类的物趣味生走向生活审美的仪式化、秩序化、极限化，同时始向“物性的外感”至“心性的内修”的审美自我化、律己化，从而强化茶人的“心”与“境”的契合程度，生发茶境“意冥玄化”的时空生命感与寂空心欲观，境化茶的“有我之境”与“无我之境”的生命力。换句话说，茶境就是茶人从“有我之心”至“无我之心”的“游心”超越境界。进入茶境之人方可持有超凡脱俗之气，拥有淡泊名利之心，具有清茶悦志之美。从某种程度来看，茶的形式与内容决定着趣味的感受变化，进而影响着美的感知外化，形成两极化——“粗俗、平庸”与“精雅、恬静”的茶风。其“内容足以使人兴奋，形式足以使人沉静”[12]，正是这种律则化的形式与秩序化的内容，使人的心性高度理性化，使人的趣性极限精微化，使茶的精神思想由物性的“心观”至人性的“观心”走向器道哲理化、美善象征化。事实上，习茶生活中“茶颜器式”的种种样态，看似是实美的物观，实则是虚美的心观，体现出“因茶见性”的物心与人心之象生。(图6-8)

日常茶事的样式，不仅反映了“人生如茶”的记忆痕迹，显露出“清茶余韵”的文质逸气，还显现出“身与茶化”的心心相生。白明老师，是一位善茶的大家。其茶室不足二十平方米，既是他的办公场所，也是他生活、阅读、待客、喝茶的休闲区。茶室周围陈列着一些个人艺术品，摆放着一些花草盆景。书柜上层层叠放着许多书。茶桌上铺陈着各种茶器类物件，大多是大大小小的茶碗。其中有很多是他在不同时期制作的陶瓷茶碗、茶杯。碗、杯上绘着干练、流畅又抽象的青花、釉里红等装饰纹样，看似丰富多样，整体基调却仍保持着青白瓷的细腻、高雅。白老师时常精心打理茶与器，留下了无心的物趣与美趣。他尤其喜欢以由近及远的方式来仰观、俯察这些茶器，这种习茶方式，不仅流露出他待茶的文心卷气，也显露出他的品茶美趣、心观写照。我突然联想到白明老师的青花杰作——《生生不息》。这部作品蕴含的生命之美，是他待茶有道的最好例证。这表明，对茶的品赏，重在对生命意义的体验与善美相乐。或许茶会赋予生活更多的质文深度，使人们的快乐人生更加圆满，因为“一切过去、今日和未来的发展都依靠着这种更深层的进化”[13]。

图6-8　白明教授的茶室

**注释：**

[1][日]黑田鹏信．艺术学纲要[M]．俞寄凡，译．南京：江苏美术出版社，2010：35.

[2][日]黑田鹏信．艺术学纲要[M]．俞寄凡，译．南京：江苏美术出版社，2010：34.

[3][日]黑田鹏信．艺术学纲要[M]．俞寄凡，译．南京：江苏美术出版社，2010：84.

[4]吴功正．六朝美学史[M]．南京：江苏美术出版社，1994：48.

[5]吴功正．六朝美学史[M]．南京：江苏美术出版社，1994：143.

[6][美]克里斯平·萨特韦尔．当代学术棱镜译丛：美的六种命名[M]．郑从容，译．南京：南京大学出版社，2019：156.

[7][美]克里斯平·萨特韦尔．当代学术棱镜译丛：美的六种命名[M]．郑从容，译．南京：南京大学出版社，2019：147.

[8][美]克里斯平·萨特韦尔．当代学术棱镜译丛：美的六种命名[M]．郑从容，译．南京：南京大学出版社，2019：148.

[9][美]克里斯平·萨特韦尔．当代学术棱镜译丛：美的六种命名[M]．郑从容，译．南京：南京大学出版社，2019：120.

[10][美]克里斯平·萨特韦尔．当代学术棱镜译丛：美的六种命名[M]．郑从容，译．南京：南京大学出版社，2019：120.

[11][日]黑田鹏信．艺术学纲要[M]．俞寄凡，译．南京：江苏美术出版社，2010：13.

[12][日]黑田鹏信．艺术学纲要[M]．俞寄凡，译．南京：江苏美术出版社，2010：118.

[13][美]罗伯特·亨利．艺术的精神[M]．张心童，译．杭州：浙江人民美术出版社，2018：71.

# 第七章　有茶之余

茶，凡于人，味于心，韵于余。当茶成为一种艺术审美化的物质与精神性生活方式时，它便成为一种文化美学的哲理信念。假如它没有余味，它就难以沁人、悦心，更难以“深远无穷之味”。

“余”，在传统文化中与“裕”谐音，是富裕的象征。从另一层面来看，“余”蕴含着“知足长乐”的人生哲理与“道法自然”的生命体悟，提醒我们待人处事要留有余地，因为“有余”才“有福”。“余”已经成为中国礼俗文化的一种象征。习茶之事，是一种规范化的形式律则，不仅具有物化的美，也具有人化的善，贵在“和”的外化，重在“余”的内化。寄情惜物，恩泽自然，心源和气，才会有余生美趣。

含蓄，是东方美学的形式特点，也是生活美学的审美表征。反观茶事生活，无论是其形式的仪式秩序还是其内容的铺陈赋彩，都隐显着文质彬彬之精神与虚实相生之意境，自然而然地流露出含蓄之美和余韵之气。事实上，含蓄之美，常以“内敛、温雅、柔和”的享茶形式呈现，故这种美也隐喻着“余”意。范温曾针对诗品提出“有余意之谓韵”“韵者，美之极也”的论调，道出美至无穷韵远的余生。茶为众人敬仰的美物与嗜好，早已成为生活哲理的文化表征与器道象征。有茶律的余意，才有茶韵的余生，才有茶人的美生。（图 7－1）

图 7－1　铁炉上的茶碗　袁乐辉制

“幸福只有在与人分享和传递中才能生存、呼吸、成长。”[1]在某种意义上，这句话体现了一种“超越自我”“大爱大美”的生活哲理，也蕴含着一个道理——人应有奉献精神与知足的心态，生命才有意义，即外化人的幸福之余思，内化人的善美之“余”意。显然，一种幸福的生活方式，不只是一种美好的生活情境，更是一种有余意的生活心境。幸福的生活方式才能让生活善美相乐，最终使个体心灵归于和谐。故日常茶生活，教化着我们待茶有道、得茶有余，调适着我们的生活，美韵无穷。如果说在我们的现实生活中，真、善、美是生活文化的文明向度，那么茶就是真、善、美的自觉朝向。美浸润着日常生活中的“茶颜器式”，精善“依茶择器”的无穷妙趣与余意妙生，细化“物趣美生”的形式与内容，渐成“外化无我，内化有我”之茶韵。由有限的“形”显无限的“道”，便可孕育无限生机。

## 第一节　有我之礼

享茶是茶之形式的秩序活动，也是茶之内容的人伦教化，形成以茶敬客的器道形式和有茶相乐的体悟方式。至今，茶礼早就渗透于日常“茶颜器式”的茶事形式中，浸润着沏茶、分茶、得茶、品茶、赏茶等茶事礼节与仪式，已成为艺术化、律则化的工序活动与审美哲理。当然，茶俗具有差异性，具有多种礼仪表现，影响着茶事生活中茶的韵味、器的样式、人的气质，形成茶的礼节方式——“和、敬、融”。如“客来敬茶”的茶俗，就体现了“善美相乐”的习俗礼仪。如今，“客来敬茶”已演变成茶事生活的准则之一，体现出一种和谐的人伦关系。

“礼”是中国文化的形象表征。“在一定意义上，它几乎是中国人的行为准则和规范，还是一种理想的人生状态”[2]，更是真、善、美的精神象征。茶事，具有生活性、物质性、美学性，是一个由物化至人化的人格上升过程，包括物态化形式和礼仪化方式，形成了一种“立于礼，成于乐”的器道思想与善美之乐，塑造着个体的虔诚信仰。显然，茶礼早已律则化“美化”的形式，即茶美之色、香、味，律则化“善意”的语式，即茶德之仁、义、敬，律则化“和谐”的道式，即茶人之精、神、气，同时人文化“有我之礼”的茶道精神。如潮汕工夫茶，其享茶样式为一壶三杯。古人云:“一人得神,二人得趣,三人得味。”品饮潮汕工夫茶讲究“一啜而尽,三嗅杯底”,如此方可“得工夫茶三味”。(图7-2)

图7-2　潮汕工夫茶　徐向东供图

事实上,日常生活中,人们享茶时会自觉或不自觉地以“礼”来规范自己的言行,奉茶待客的礼仪形式成为茶道精神的象征。显而易见,茶承载着礼仪教化的功能,正所谓“君子有礼,则外谐而内无怨”。“在内,‘礼’要求平和的心境,让自身协调;在外,‘礼’要求以仁心和爱心至恭敬之心待人,与他人和社会协调”[3],从而形成和谐的环境与和气的状态,进而将个人品质的外在表现礼仪化,将沏茶主人的诚恳、谦让之品格外化。实际上,茶是一种礼节,具有仪式感,透露着“君子之交淡如水”的相处之道,也折射出“敬畏天地”的感恩之心与信仰,更融合了“自我虔诚”的胸怀与信念,且开掘了“君子比德于茶”的人格化茶道之生。换言之,茶之美常常表现在日常“茶颜器式”的样式特征与雅俗表征方面,如茶汤的悦目之色,茶器形饰的端庄、大方,茶席铺陈的井然有序。这种美的境界在于人有“应物感化”的心境,常会以茶喻性情、寄物趣。这种美影响着日常生活中“有我”的待茶事理与玩味情趣,将我们导向“美化物生”的趣境,促使我们去寻觅“善美相乐”的茶境,生发“物我两忘”的化境,从而始向空寂的生机与余意,自然而然地实现“无心”的自我超越与“有心”的无我善意。从另一个角度来看,茶以美的形式与内容,将人的生活事理礼仪化,从而教化人向善,终归于个体自我的一心,自觉地达到生活美的信仰化、器道化。“知我二三子,杯茶即见心。”这句话说明中国人常以茶行道之礼。中国礼俗文化重视茶礼的形式,追求茶意的适度,故日常茶事生活中讲究“茶七满八”,即倒茶七分满,表示对客人的尊重;反之,“茶满欺客”,这从侧面反映了“有茶之余”的重要性。

## 第二节　泽我之生

茶是物感会心之美物,而其美的情境因人而异,恰如朱光潜先生所言:“深人所见于物者亦深,浅人所见于物者亦浅。”[4] 显然,茶之美的境界与人的信念互衬互生,信念影响着人“向美向善”的待物形式和有性有情的惜物方式。日常生活中,我们若以粗暴、庸俗的方式来待茶,茶之美自然低级、粗俗,这样便失去了人情化、理想化的“茶颜器式”之雅集趣事,弱化了自我生活的善美之乐。现实生活中,很多人看似是习茶之人,品茶闻香,有章有法,实则仅止于感受味觉的物感状态,忽略了茶汤与茶杯、茶叶与茶水、茶人与茶室等深层的事理关系,更不懂“依茶择器”的用与美的互衬相生关系。显然,我们善待日常“茶颜器式”的物态形式,重在“和”气地诚心善物,悦目怡心;贵在有“品”味地善意待物,怡情悦性,这样不仅有雅俗趣味的乐生,也有寓物移情的象生,才能赋予品茶生活有滋有味的余生。事实上,茶桌上粗俗、花哨的茶器扎堆,炫丽、装饰繁缛的杂器充斥于茶室空间内,并不能带来茶之美,反而使人缺乏自信之美。如此华而不实的茶器世界,自然没有大美,只是一个物欲横流的花花世界罢了。

我给陶艺系的学生授课时常说一句话:“不喝茶或不会喝茶的陶瓷制作者,怎能设计、制作出好的茶壶、茶杯?”茶壶、茶碗、茶杯为茶生,为人用,早已规范了形制尺度与美观形式,体现了“物尽其用”的造物思想,留住了寻常而谦实的美。市面上很多茶器,个性突显,却弱化了实用良器的“节制利人”之概念,掺杂了消费时代的功利思想,缺少了恩泽天、地、人的哲理,自然远离了平易近人的美,远离了美的余生。

可见,茶在人们生活的信仰中,深根于雅俗逸趣,承载着物质与精神统一的器道思想。其实,茶是日常生活中的平凡之物,提升了生活美的境界。它平凡淳朴、清静优雅,润泽着自我的性情,使人心平气和、淡然豁达。它在内化着自我的“精、气、神”时,外化着有我的“真、善、美”。享茶之事,醇香有味的茶叶与优美健实的器物缺一不可。享茶其实“就是赞美自然之恩泽”[5]。茶之“茶颜器色”,需善美怡人,应目会心,我们才会“沐浴着自然的恩惠”[6]。事实上,日常习茶工序趋于细化,享茶事宜则趋于烦琐,即在“繁”之中行“闲”之事。从某种层面看,这种品赏茶香的趣事活动,反映了人待茶的诚实与得茶的认真,表现出我们对茶的仰慕与敬重,也体现了茶道的审美形式与信仰方式,更流露出人对美物的信念与信心,“任何信心都是对神、对自然、对传统、对这一切的深深的敬重”[7]。人们尽善尽美地厚待茶,或许这就是有茶之余意,也是茶在人伦教化中的功能。

茶,塑造了生活秩序的审美形式,也汇集了民族文化的敬仰礼式。它以“美”充实生活世界,以“善”寄寓生活理想,以“和”助力美好生活。“儒、释、道”精神贯穿于中国人的文化思想中,茶因此也打上了其思想核心——“和”的烙印。通过自然的人化和人化的自然来规范和律则化茶的形式秩序,反哺人的物境、情境、心境之化生味象,“心与物会合,乃生味”[8]。这赋予茶之美器道精神与象征意义,妙化了茶的穷理万象。“中国人贵有余,亦贵‘余味’。”[9]换句话说,茶是善“美”之物,是有“趣”之乐,也是本“心”之味,自然也是余“意”之生,幻化了“境生无我和余生有我”的生活方式。可想而知,茶就是自我外化的生活艺术与自然法度。在被人化为美物而余韵后生的过程中,茶叶的物质属性与茶人的官能特性互融互生。我们安贫乐道,怡然自得,精心打理“茶颜器式”的有茶生活,体会品茶生活的“情中景、景中情”,感受有茶生活之乐和有茶生活之

美。如此,茶之美才会自然道生“我心、我味、我生”,自然隐喻一层深意——“有茶余生圆满”。(图7-3)

图7-3　芦鸭游水刻划瓷杯　刘谦制

## 第三节　化我之道

老子认为,“道”是天地之根,孕育万物。显而易见,“道”以物化的形式与人化的礼式融入茶中。“以道制欲”的思想规范了茶事生活,细化了茶理的“器道不二”精神,也深化了茶境的“以小喻大”观念。享茶事理,外化为“美茶善器”之形式,内化为“器以载道”之内容,贵在和谐有度,重在美善有余,渐行渐远,真正地体现了茶的“味外之旨”。从另一层面来说,这就是茶理的外显“度”、内隐“余”之道。“天地无为相合,万物皆化”,天、地、人合一,孕育着生活美的无限生机。

可见，茶事生活的本真、本色、本味，就是茶人持有“我中有你，你中有我”的和谐观，保障茶之美物的余生，以“唯茶悟道”的善美方式来体验幸福生活。事实上，茶之事理既体现了自我生活的“和而不同”，又表现出有我生活的“和善谦敬”。同时，茶不仅丰富了我们的生命意义，还丰富了雅俗生活之趣，从而升华了美的“味外之味”。

如今中国茶的品种琳琅满目，品牌鱼龙混杂，市场热火朝天。中国茶基本上分为两大类——粗质茶和精良茶。粗质茶是平民百姓需求的饮品，也是一种具有“天然养生保健”功效的药饮茶，自然少了茶艺的形式与内容。精良茶基本上供给喝茶之人与玩茶之人。喝茶之人多数拥有个人的茶室，讲究品茶的律则与道法，而玩茶之人不仅有高档的茶室、奢华的器具，还有珍藏的好茶，追求玩味的奢侈化、标签化。从这个角度来看，精良茶是一种身份的象征，带有功利主义色彩和商业色彩，少了些许文化味道，违背了茶的“物尽其用”与“尽善尽美”的信仰。

诚然，“留有分寸”“留有余地”是中国人秉持的生活事理之一，也是中国人的“中庸”之道和“向善”之美。其实，中国茶道精神以“和谐”为美，即万事万物和谐统一，虚实相生。一壶好茶，不仅色、香、味沁人心脾，也传递了诚、真、敬之意，还反映出乐、趣、情的雅俗相集，蕴含着茶礼、茶德，修化了茶人的心境余意。化我有生，才有茶之美的生生不息。

有时，现实生活中的烦心事会带给我们无形的压力，让我们烦躁不安。坐在艺术创作室旁边的茶椅上，我习惯性地摆放好茶桌上的盖碗、茶杯，慢慢等待水沸腾。水烧开后，冲泡一杯自己爱喝的清茶，端起自己亲手捏制的茶碗，闻着淡淡的茶香，品味着茶汤微微的涩感，心情自然而然地变得平和、舒坦。我习惯在冥想遐思中反省自我，这是一件令我感到自由、快乐的事。实际上，茶不仅是生活的美物，也是心念之物。我们常说的“知足常乐”，恰恰是“比上不足，比下有余”之茶理，这个道理告诫我们不应带着功利之心来索求奢华、高贵的茶生活。日常茶事中的“茶颜器式”，重在营造自我之茶境，贵在适我而待之。以平常心善待茶，才有茶之余。反之，茶便成了形同虚设的美之玩物，曲高和寡，而不是教化、育人之美物。（图 7－4）

图7-4　白明教授日常生活中的茶事物景

生活反映了人的价值,也反映出人的信仰。茶生活,艺术化了“物美人善”的信仰形式与文化语式。得茶之人有一颗虔诚、敬仰的心灵,才会待茶有度、有余。天、地、人和谐统一,才有“敬”的向善向美,才有“礼”的中正谦和。待茶要适度利人,才会恩泽美物。生活中有嗜茶如命者,他们既爱茶之清香,又尤其爱茶之涩味。茶之美很大程度上源于苦回甘、涩生津的独特之处。正如柳宗悦先生谈“涩之美”时所描述的:“‘清幽’与‘涩’一样,都包含有东方的哲理。”[10]“把十分表现到十分不是涩,把十分表现为十二分更不是涩,只有把十二分只表现出十分时,才是涩的秘意所在,剩下的‘二’是含蓄的。之所以没有失去清幽之美,第一是‘余’,第二是‘厚’,第三是充分的‘浓’,是伴随着涩的量感与深度而产生的。”[11]此话蕴含着待茶的人为法则与生命律则:随着时间的变化,待茶孕生着无限的美,它贵在“和”气,重在“余”生,善在“韵”远。

总而言之,茶是让我们快乐、幸福的一种美物,也是我们生活中充满雅俗之趣的一种信物。它具有美的滋味,丰富了美的源泉,更蕴含着美的余生。在我们的日常生活中,它常常表现为美的时间体验,不会表现出花朵凋零的有限之美,不会让我们有失落感。在某种意义上,茶不会让我们深陷于美物“昙花一现”的感伤之中,反而深化了我们创造、感知世界万物“有限与无限”的互生能力与转化能力。美好生活的浮光片影善美相乐，实际上反映了人们有茶余生的内化知足感与外化幸福感。茶的滋味本就让我们念念不忘，时间越久，滋味越浓越涩；时间越短，滋味越淡越甜，给我们若即若离的距离感。可见，茶的精神贵在“知足常乐”，茶的美趣在于“中正谦和”。茶不会让我们有贪婪之心，不会让我们有失落感，让我们在享茶时感受到余趣之乐和茶美的余生之道。换句话，茶有“余”的物趣，才会有“生”的物美，才会有“味”的物象，才会始向相生相乐的大美。我们在生活中用心感知“茶颜器式”的存在意义，才会有“雅俗相融”的生活乐趣。

由此可见，“余”是美的始起，是美的气韵，也是生命精气周而复始的过程。茶是那些真正感受过各种滋味的人留下的生活足迹，茶滋生了人对物趣的玩味以及人对嗜好的欲念。喝茶者日复一日地“不断试炼自己的才能，是健康长寿的秘诀”[12]，如此才焕发生命的活力。

**注释：**

[1][法]克里斯托夫·安德烈. 幸福的艺术：品位幸福的25课[M]. 司徒双，完永祥，司徒完满，译. 北京：生活·读书·新知三联书店，2008：74.

[2]邹明华. 论茶的礼俗功能[J]. 民俗研究，1993(4)：56.

[3]邹明华. 论茶的礼俗功能[J]. 民俗研究，1993(4)：57.

[4]朱光潜. 谈美：谈美书简[M]. 北京：作家出版社，2018：29.

[5][日]柳宗悦. 工艺文化译丛：工艺文化[M]. 徐艺乙，译. 桂林：广西师范大学出版社，2006：95.

[6][日]柳宗悦. 工艺文化译丛：工艺文化[M]. 徐艺乙，译. 桂林：广西师范大学出版社，2006：95.

[7][日]柳宗悦. 工艺文化译丛：工艺文化[M]. 徐艺乙，译. 桂林：广西师范大学出版社，2006：115.

[8]钱穆. 晚学盲言：上[M]. 桂林：广西师范大学出版社，2004：129.

[9]钱穆. 中国思想通俗讲话[M]. 北京：生活·读书·新知三联书店，2002：99.

[10][日]柳宗悦.工艺文化译丛:工艺文化[M].徐艺乙,译.桂林:广西师范大学出版社,2006:121.

[11][日]柳宗悦.工艺文化译丛:工艺文化[M].徐艺乙,译.桂林:广西师范大学出版社,2006:122.

[12][美]罗伯特·亨利.艺术的精神[M].张心童,译.杭州:浙江人民美术出版社,2018:173.

# 参 考 文 献

[1]《礼品装家庭必读书》编委会.茶道:茶经[M].沈阳:辽海出版社,2012.

[2]熊廖.中国陶瓷美术史[M].北京:紫禁城出版社,1993.

[3][日]冈仓天心.茶之书[M].谷意,译.济南:山东画报出版社,2010.

[4][日]柳宗悦.工艺文化译丛:工艺文化[M].徐艺乙,译.桂林:广西师范大学出版社,2006.

[5][日]柳宗悦.工艺文化译丛:工艺之道[M].徐艺乙,译.桂林:广西师范大学出版社,2011.

[6]叶朗.中国美学史大纲[M].上海:上海人民出版社,2005.

# 后　记

艺术化的文化情境与细化仪式，越来越让我们懂得享茶是“慢工细活”的玩味趣事，习茶是“物尽其用”的生活善乐，待茶是“茶颜器式”的善美文心，有茶是“物我游心”的器道合一。倘若现实生活没有茶的滋味，我们就无法进入茶的玩味世界，更无法通过习以为常的习茶方式来观察我们日常的器物文心与美趣。茶不仅让我们感知世界与洞察生活的方式更加丰富，而且让我们去穷究生活的种种物象与美的存在始因，从而趋近“茶颜器式”的茶事趣境，探求生活美学与日常习茶生活的互衬互生关系。拙著《茶颜器式》让我以一个全新的角度来看待美的生活性与本真性，实现了自我认知的一种超越。

茶为平常之物，却让人无止境地去寻觅它的滋味感化程度与自性美育，增强了我们生活的通透感。我们饮茶，看似是在浮光片影中欣赏茶汤水色，实则是在体悟生活的善美相乐，感知自我禅悟的过程，感受物我相生之道。其实，茶，丰富了我们对生活的美好向往，也放大了日常生活的幸福感。我常常在工作室喝茶、阅读、思考、书写，这开启了我对生活物式的另一种思考方式，开阔了我对世界和生活的认知视野，使我自觉地探知平日习茶生活的某种定式意义与美育文化。在撰写稿件的四个月中，妻子齐若霞悉心照顾家人，让我有更多的时间与独立的空间反复推敲某些论述角度与观点。我特别感谢白明老师，他对拙著提出了许多修改意见，并在百忙中为拙著写序。我还要感谢在编审过程中提供图片给我的老师、朋友，以及前期做文字校对工作的临沂第三十五中学的教师路宝艳和我的研究生郭秋玥。另外，我还要感谢祁门制茶师傅谢旺馨和来自云南的学生佴宣池，他们为我提供了宝贵的茶类样品。拙著，仅是个人的见解，如有不足之处，请大家多多指教。

怀　希

2021 年初春